GREIFVÖGEL

DIE MEISTER DER LÜFTE

GREIFVÖGEL

DIE MEISTER DER LÜFTE

PAUL D. FROST

p

Entwurf und Realisation: Stonecastle Graphics Limited

Übersetzung aus dem Englischen:
Dr. Cornelia Panzacchi

Satz und Redaktion: Gerdi Killer für bookwise Gmbh, München
Koordination: trans texas GmbH, Köln

ISBN 10: 1-40547-475-0
ISBN 13: 978-1-40547-475-7

Printed in China

MARKANTES MERKMAL

Seite 1: Das typische weiße Gefieder am Kopf prägt der Weißkopfseeadler *(Haliaeetus leucocephalus)* erst im siebten Lebensjahr aus. Die Jungvögel besitzen zunächst braune Federn, die dann mit zunehmendem Alter eine gesprenkelte Färbung annehmen und schließlich rein weiß werden.

IN DER TUNDRA

Seite 2 und 3: Schneeeulen *(Bubo scandiacus)* ernähren sich in erster Linie von kleinen Nagetieren, insbesondere von Lemmingen und Wühlmäusen. Von einem erhöhten Ansitz aus, der einen guten Ausblick bietet, beobachtet die Eule den Boden der Tundra. Sobald sie ein Beutetier ausmacht, fliegt sie lautlos darauf zu und ergreift es von oben.

Bildnachweis

Minden/FLPA (www.flpa-images.co.uk) Seite: 2–3, 7, 10, 12 (u.r.), 13, 14, 15, 16, 20, 21, 22–23, 26, 28, 30, 31, 34, 36–37, 39, 40, 43, 44–45, 46–47, 48, 49, 50–51, 52, 54, 56, 57, 63 (r.), 64, 65, 66, 67, 68, 69, 73, 74, 75, 77, 78, 79, 80, 81, 84–85, 86–87, 89, 92, 93, 94–95, 96, 97, 98, 99, 100–101, 102, 103, 105, 106–107, 109, 110–111, 112, 113, 114, 115, 116–117, 118, 119, 120–121, 122, 123, 124, 125, 126, 127, 128–129, 130–131, 132, 133, 136, 137, 138, 139, 141, 142, 143, 144, 145, 152, 154, 156–157, 159, 160, 161, 162, 164, 165, 166, 167, 170, 171, 172, 173, 174, 175, 176, 177, 178–179, 181, 186, 187, 189, 190, 191, 192–193, 194, 195, 196, 197, 198, 200, 210, 211, 212–213, 215, 218, 220, 221, 222–223, 225, 226, 227, 228–229, 232–233, 246, 248, 249, 250, 251, 252, 253, 254, 255.

Imagestate Seite: 18–19, 24, 25, 32–33, 38, 42, 58–59, 60, 61, 62, 70–71, 72, 90–91, 135, 140, 147, 150, 155, 163, 169, 199, 201, 202–203, 204, 205, 206, 208, 209, 214, 216–217, 219, 224, 230–231, 235, 236, 237, 238, 239, 240, 241, 242.

Linda Wright Seite: 1, 6, 8, 9, 11, 12 (o.l.), 17, 27, 29, 35, 41, 53, 55, 76, 82, 83, 88, 104, 108, 134, 146, 148, 149, 151, 153, 158, 168, 180, 182, 183, 184, 185, 188, 207, 234, 243, 244, 245, 247.

INHALT

EINFÜHRUNG

Dieses Buch stellt nicht nur eine große Artenvielfalt an Greifvögeln und Eulen vor, sondern bietet seinem Leser auch herrliche Bilder dieser beeindruckenden Vögel, aufgenommen in deren natürlichem Lebensraum.

Welche Eigenschaften kennzeichnen einen Greifvogel? In einem Lexikon findet sich die Definition: „Fleisch fressender Vogel, der andere Tiere jagt und frisst." Nun gibt es aber viele Fleisch bzw. Fisch fressenden Vögel, wie etwa Eisvögel oder Kormorane, die nicht zur Gruppe der Greifvögel gerechnet werden. Was diese von allen anderen Fleisch fressenden Vögeln unterscheidet, ist die Art und Weise, wie sie ihre Beute schlagen. Sie töten ihre Opfer mit den scharfen Krallen ihrer Füße, während alle anderen Arten ihren Schnabel benutzen.

Greifvögel wurden früher auch als „Raubvögel" bezeichnet, weil die Jäger sie bei der Jagd auf Niederwild als Konkurrenten betrachteten und mit allen Mitteln bekämpften. Dieser Vernichtungskrieg forderte seinen Tribut. Er brachte einige große Adler- und Bussardarten an den Rand der Ausrottung und alle anderen Greifvogelbestände zum Schrumpfen.

Manchmal wird zwischenTaggreifvögeln (Adlern, Geiern, Bussarden, Falken usw.) und Nachtgreifvögeln (Eulen) unterschieden. Heute allerdings weiß man, dass diese beiden Gruppen nicht miteinander verwandt sind und verschiedene Vorfahren haben. Daher gehören sie auch nicht

ÜBERFLIEGER

Der Sperbergeier *(Gyps rueppellii)* hält den Weltrekord der höchsten von einem Vogel jemals erreichten Flughöhe. Leider endete der Rekordflug für den betreffenden Geier verhängnisvoll: Er kollidierte mit einem Flugzeug. Der Pilot, dessen Maschine den Zusammenprall unbeschadet überstand, zeichnete auf, dass er sich in 11300 Meter Flughöhe ereignete. Den toten Geier konnte man anhand von Federn identifizieren, die am Flugzeug kleben geblieben waren.

VORANGEHENDE SEITEN

Seite 6: Raubadler *(Aquila rapax)*. Seite 7: Fischadler *(Pandion haliaetus)*.

einer einheitlichen systematischen Ordnung an. Dennoch werden die Eulen in die hier vorgestellte Auswahl eingeschlossen.

Will man Greifvögel beschreiben, so stößt man rasch auf Ausnahmen, die Verallgemeinerungen erschweren. Bereits das oben genannte Merkmal, Greifvögel würden ihre Beute mit den Krallen töten, trifft nicht immer zu. Geier etwa ernähren sich überwiegend von Aas, fangen also ihre Beute nicht selbst, sondern begnügen sich mit verstorbenen oder von anderen getöteten Tieren. Doch auch hier gibt es Ausnahmen, denn einige Geierarten gehen durchaus aktiv auf die Jagd.

Ferner ist zu beachten, dass die Neuweltgeier nicht mit den anderen Greifvogelarten verwandt sind, jedoch aus praktischen und historischen Gründen als Greifvögel behandelt werden. Die Definition, Greifvögel seien Fleischfresser, ist ebenfalls nicht universell gültig, da es unter ihnen auch einen Vegetarier gibt: den Palmgeier. Und selbst die Behauptung, alle Greifvögel würden nur bei Tageslicht jagen, stimmt nicht generell. Sogar im Hinblick auf das allgemeine Merkmal, weibliche Greifvögel seien größer und aggressiver als männliche, gibt es Ausnahmen.

Ein gemeinsames Merkmal besitzen jedoch alle Greifvögel: ein ausgezeichnetes Sehvermögen. Man schätzt, dass es bis zu zehnmal besser

als beim Menschen ausgeprägt ist. Greifvögel sehen wesentlich mehr Einzelheiten als der Mensch und nehmen Bewegungen besser wahr. Vermutlich können die meisten von ihnen auch Farben unterscheiden. Es gibt Arten, die mehr Farben sehen als der Mensch, manche von ihnen sogar solche, die im ultravioletten Bereich des Farbspektrums liegen.

Alle Greifvögel verfügen über ein hoch empfindliches Gehör. Dieses ist bei den Eulen sogar noch besser entwickelt, denn diese Vögel lokalisieren ihre Beute hauptsächlich mithilfe von Geräuschen. Daher sind ihr Körperbau und ihre Sinne an diese Art des Jagens optimal angepasst.

Das Brut- und Aufzuchtverhalten der Greifvögel ist ein faszinierendes Thema. Bei vielen Arten bleiben die Partner ein Leben lang zusammen, doch kommt es häufig vor, dass bereits Stunden nach dem Tod eines Partners nach Ersatz gesucht wird. Auch die Beziehung zum Nachwuchs ist nicht sehr ausgeprägt. Bereits im Alter von wenigen Wochen werden die Jungen von den Elterntieren als Nahrungskonkurrenten angesehen und aus dem Revier vertrieben.

Die Jagdtechniken können sehr unterschiedlich sein. Gewöhnlich gelten Greifvögel als ausgezeichnete Flieger, die hoch oben am Himmel kreisen oder unermüdlich immer wieder auf Beutetiere herabstürzen. In

AUSGEZEICHNETE AUGEN

Alle Greifvögel und Eulen verfügen über ein bemerkenswertes Sehvermögen. Eulen wie dieser junge Fleckenuhu *(Bubo africanus)* sehen auch bei sehr schlechten Lichtverhältnissen wesentlich besser als der Mensch. Dies verdanken sie einer reflektierenden Schicht hinter der Netzhaut des Auges, die Licht sammelt und auf die Netzhaut zurückwirft.

ADLERWÄSCHE

Wie sehr viele Vögel besitzt auch der Fischadler *(Pandion haliaetus)* am Schwanzansatz eine Talgdrüse, deren Fett seine Federn Wasser abweisend macht. Da die Fischadler bei der Jagd häufig ins Wasser eintauchen, ist es sehr wichtig, dass ihr Gefieder wasserdicht bleibt. Durch regelmäßiges Putzen erhalten sie diesen Zustand.

MIT SCHNELLEN SCHRITTEN

Rechte Seite unten: Oft sieht man Sekretäre *(Sagittarius serpentarius)* würdevoll einherschreiten, doch wenn sie auf die Jagd gehen, senken sie ihren Kopf und Hals und legen einen flinken Sprint ein. In einigen Gegenden Afrikas wird der Sekretär auch als „Pferd des Teufels" bezeichnet.

Wirklichkeit sind nicht alle Arten bereit, so viel Energie in den Beutefang zu investieren. Manche warten lieber reglos an einer geeigneten Stelle darauf, dass ein Opfer in ihre Reichweite kommt. Andere fliegen kurze Strecken und halten dabei nach Fressbarem Ausschau.

Es gibt über 300 Greifvogel- und mehr als 200 Eulenarten. Fortschritte in der Taxonomie der Tiere und der Einsatz neuer Techniken, vor allem der DNS-Analyse, haben zur Folge, dass sich die Anzahl anerkannter Arten und ihre Klassifikation ständig ändert. Häufig liefern die unterschiedlichen Klassifizierungsmethoden widersprüchliche Ergebnisse, sodass sich Wissenschaftler in vielen Fällen uneins sind, was als echte Art anzusehen ist und was nicht.

Nach Greifvogelgruppen gefragt, zählen die meisten Menschen Adler, Habichte, Falken und Geier auf. Da dieses Buch weder als Bestimmungsbuch noch als Leitfaden für die Taxonomie von Greifvögeln und Eulen gedacht ist, wurden die Tiere hier in diese bekannten Kategorien eingeteilt. Zwei Familien (Fischadler und Sekretäre) sowie eine Unterfamilie (Karakaras) lassen sich jedoch nicht so ohne weiteres in diese Einteilung einfügen. Die Fischadler gehören zwar nicht zu den Adlern, sind ihnen aber ähnlich und werden daher zusammen mit diesen beschrieben. Karakaras stehen systematisch als Unterfamilie in der Familie der Falken, unterscheiden sich von den typischen Falken aber so stark, dass es nicht angemessen erscheint, sie im selben Kapitel zu behandeln. Deshalb werden sie und der Sekretär im Anschluss an diese Einleitung separat vorgestellt.

Sekretär

Diese Art kommt nur in den afrikanischen Savannen südlich der Sahara vor und unterscheidet sich in Aussehen sowie Verhalten stark von anderen Greifvögeln. Die Vögel bewegen sich vorwiegend am Boden fort und laufen am Tag bis zu 32 Kilometer weit. Sie fliegen nur selten, wobei sie dann meist thermische Strömungen nutzen, um an Höhe zu gewinnen und große Strecken im Gleitflug zurückzulegen.

Die Nahrungspalette der Tiere umfasst hauptsächlich Schlangen, Eidechsen, Heuschrecken, Mäuse, Vogeleier und gelegentlich auch kleine Säuger. Um seine Beute zu töten, zielt der Sekretär mit der hinteren Kralle auf den Schädel des Opfers und tritt dann kräftig zu. Dank seiner Scheitelhöhe von über 1,2 Metern gelingt es ihm manchmal auch, Tiere zu töten, indem er sie mehrfach auf einen harten Untergrund fallen lässt. Häufig trifft man die Sekretäre auch am Rand von Buschfeuern an, wo sie Tiere abpassen, die den Flammen zu entkommen suchen. Nach einem Brand machen sie sich über die versengten Kadaver her.

Sekretäre paaren sich gewöhnlich fürs Leben. Die Partner halten sich meist in Sichtweite auf, doch es kann auch vorkommen, dass sie an verschiedenen Stellen jagen. Das Nest liegt in einer Baumkrone und hat einen Durchmesser von 1 bis 2,5 Metern. Das Weibchen legt bis zu

MIT DEN WIMPERN KLIMPERN

Außer von einem dritten inneren und durchsichtigen Lid, der Nickhaut, sind die Augen des Sekretärs von bemerkenswert langen, schwarzen Wimpern geschützt.

JOHNNY ROOK

Unten: Der Falklandkarakara *(Phalcoboenus australis)* kommt heute nur noch auf den Falklands und einigen wenigen anderen Inseln vor der Südspitze Südamerikas vor. Auf den Falklands wird der Vogel auch „Johnny Rook" genannt.

ÜBERALL ZU HAUSE

Rechts: Der Schopfkarakara *(Caracara plancus)* ist der am weitesten verbreitete Karakara. Man trifft ihn fast überall zwischen den südlichen Staaten der USA und der Südspitze Südamerikas an.

GESCHRUMPFTER BESTAND

Rechte Seite: Auf den Falklandinseln leben nur noch 500 bis 650 Paare der Falklandkarakaras. Der Bestand auf dem südamerikanischen Festland ist vermutlich noch kleiner.

drei Eier und wechselt sich beim Brüten mit dem Partner ab. Anders als bei den meisten Greifvögeln verhalten sich die Nestlinge untereinander nicht aggressiv, sodass gewöhnlich alle Jungen überleben.

Karakaras

Neun Karakara-Arten kommen von Florida bis zu den Falklandinseln vor. Der Rotkehlkarakara lebt in tropischen Regenwäldern, der Weißkehlkarakara wird in Andenregionen und in Gesellschaft von Andenkondoren beobachtet, den Falklandkarakara trifft man an den Felsküsten der Falklands und benachbarter Inseln an. Der Schopfkarakara ist am weitesten verbreitet und bevorzugt offenes Gelände und Viehweiden.

Obgleich sie sich in vielerlei Hinsicht von den Falken unterscheiden, sind die Karakaras eng mit diesen verwandt. Zu ihren typischen Merkmalen zählen der lange Hals und die nackte gelbe bis rötliche Gesichtshaut. Die Vögel sind gesellig, aggressiv und sehr intelligent.

Karakaras verbringen viel Zeit mit der Futtersuche am Boden und ernähren sich überwiegend von Aas. Sie jagen aber auch Reptilien, Amphibien und kleine Vögel; die kleineren Arten ernähren sich zusätzlich von Insekten. Schopfkarakaras trifft man häufig in der Nähe von Farmen an. Sie verzehren überwiegend Insekten, Maden und Aas, doch weiß man auch von einzelnen Vögeln, die Lämmer angegriffen haben. Gegen Ende des 19. Jahrhunderts hatte sich auch der Guadeloupe-Karakara dieses Verhalten angewöhnt; er wurde daraufhin gezielt von den Farmern im frühen 20. Jahrhundert ausgerottet.

Karakaras nisten gewöhnlich hoch oben in Bäumen oder auf Felsvorsprüngen. Nur der Schopfkarakara schlägt hier aus der Reihe. Von ihm weiß man, dass er seine Nester auf dem Boden oder in Kakteen baut.

LUFTIGES NEST

Linke Seite: Sekretäre *(Sagittarius serpentarius)* nisten hoch oben in den Baumkronen. Ihre Nester sind breit, aber sehr flach und mit Gras, Wolle sowie Tierdung ausgepolstert. Das Weibchen legt zwei bis drei Eier, die rund 45 Tage lang bebrütet werden.

MAJESTÄTISCHE ERSCHEINUNG

Links: Ein Sekretär, zu voller Größe aufgerichtet. Deutlich erkennbar sind der graue Körper, die schwarzen Schenkel, die langen Schwanzfedern und die rund 20 schwarzen Haubenfedern. Alles in allem erinnert der Vogel an einen Gerichtsschreiber oder Sekretär aus dem 19. Jahrhundert, der einen Rock mit Schößen zu Kniehosen trägt und sich einen Vorrat an Schreibfedern hinter die Ohren gesteckt hat.

KRÄFTIGER TRITT

Rechts: Auch wenn dieser Vogel tatsächlich an einen Kanzleibeamten früherer Tage erinnern mag, ist der Name des Sekretärs vermutlich eher auf die Verballhornung seines arabischen Namens *saqu ettair* zurückzuführen. Er bedeutet „Jägervogel". Von allen anderen Greifvögeln unterscheidet sich der Sekretär dadurch, dass er seine Beute mit Tritten der langen, kräftigen Beine tötet. Dabei zerbricht er die Schädelbasis des Opfers mit seiner kurzen hinteren Zehenkralle.

UNVERGLEICHLICH

Rechte Seite: Der Sekretär unterscheidet sich sehr stark von allen anderen Greifvögeln. Abgesehen von der Ernährung hat er mit ihnen wenig gemeinsam. Aus diesem Grund wird er von Systematikern in eine eigene Familie gestellt, deren einziger Vertreter er ist.

KOPFPRÄMIEN

Falklandkarakaras *(Phalcoboenus australis)* sind keine besonders geselligen Vögel. Gewöhnlich trifft man sie entweder allein oder zusammen mit ihrem Partner an. Dort aber, wo Futter im Überfluss vorhanden ist, bekommt man gelegentlich auch größere Gruppen zu sehen. Manche dieser Karakaras stopfen sich bei guten Gelegenheiten so voll, dass sie anschließend nicht mehr auffliegen können. Da die Vögel gelegentlich auch kranke oder sterbende Schafe angriffen oder von deren Kadavern fraßen, wurden sie im frühen 20. Jahrhundert als Gefahr für die Viehherden angesehen. Man setzte eine Kopfprämie für erlegte Vögel aus, was zu einer beträchtlichen Verringerung des Bestands führte. Heute sind die Karakaras streng geschützt, und ihr Abschuss wird mit hohen Geldstrafen belegt – selbst wenn sie ein Farmer in flagranti beim Viehdiebstahl erwischt.

VORWIEGEND AASFRESSER

Unten: Der Schopfkarakara *(Caracara plancus)* verzehrt vornehmlich Aas oder greift verletzte Tiere an. Den größten Teil seiner Nahrungssuche absolviert er zu Fuß. Dabei hebt er häufig kleine Äste und Steine auf, unter denen er Beutetiere vermutet. Wenn er von der Luft aus nach Fressbarem Ausschau hält, kreist er im Kräfte sparenden Gleitflug über seinem Revier.

ENGE NACHBARSCHAFT

Rechte Seite: Der Falklandkarakara *(Phalcoboenus australis)* baut sein Nest aus Zweigen und Gras entweder auf Felsvorsprüngen oder inmitten von Grasbüscheln. Ausgepolstert wird das Gebilde mit Tierhaaren, Federn und anderen weichen Materialien. In Gegenden, in denen viele dieser Vögel auf engem Raum leben, kommt es nicht selten vor, dass die Nester dicht nebeneinander liegen.

SPIESSRUTENLAUF

Falklandkarakaras suchen oft auf Farmen, in deren unmittelbarer Umgebung sowie in anderen bewohnten Gebieten nach Abfall. Außerdem haben sie sich darauf spezialisiert, kranke und junge Seevögel anzugreifen, insbesondere Pin-

ADLER UND FISCHADLER

Adler werden oft als „Könige der Lüfte“ bezeichnet und gelten als die majestätischsten Greifvögel. Einige Arten erreichen die größten Spannweiten unter den typischen Greifvögeln und werden nur von einigen Geierarten übertroffen. Überall auf der Welt betrachtete man den Adler früher als Symbol des Adels.

Was genau macht aber einen Adler aus? Diese Frage präzise zu beantworten, fällt schwer, denn man verwendet diese Bezeichnung für eine Gruppe ziemlich unterschiedlicher Greifvögel. Dr. Leslie Brown, ein bekannter Experte für Greifvögel, bemerkte einmal scherzhaft, ein Adler sei ein großer tagaktiver Greifvogel, bei dem es sich weder um einen Milan noch um einen Bussard, Geier, Habicht oder Falken handle.

Adler ähneln stark den Bussarden der Gattung *Buteo,* sind jedoch meist größer und außerdem wesentlich kräftiger gebaut. Ebenso wie die Bussarde besitzen sie breite, gerundete Flügel und einen breiten, gerundeten Schwanz. Ihre Füße sind aber größer, und ihr Schnabel ist wesentlich massiver. Im Flug bewegen sie sich etwas schwerfälliger als Bussarde, daher versuchen sie eher, ihre Beute durch einen Überraschungsangriff zu schlagen, als ein fliehendes Opfer im Flug zu verfolgen.

VORANGEHENDE SEITEN

Seite 24: Weißkopfseeadler *(Haliaeetus leucocephalus).*

Seite 25: Steinadler *(Aquila chrysaetos).*

Die meisten Adler bauen ihre Horste in Bäumen; nur in Gegenden, in denen Bäume fehlen oder zu klein sind, nisten sie auf Felsen. Gewöhnlich liegt der Horst an einem erhöhten Punkt, von dem aus die Adler bequem abfliegen können. Es ist nicht ungewöhnlich, dass ein Adlerpärchen in seinem Revier mehrere Nester anlegt und sie abwechselnd benutzt. Kommen im selben Gebiet mehrere Adlerarten vor, so kann es auch sein, dass gelegentlich ein Adler einer anderen Art ein unbenutztes Nest des Revierinhabers bezieht.

NEST MIT AUSSICHT

Weißkopfseeadler *(Haliaeetus leucocephalus)* bauen ihre Horste fast immer in hohen Bäumen in Gewässernähe. Nur auf den kleinen Inseln vor Alaska, am nördlichen Rand ihres Verbreitungsgebiets, nisten die Adler gewöhnlich am Boden, da dort Bäume selten sind.

Abgesehen von den deutlich kleineren Nestern der Schlangenadler sind die Horste der Adler meist sehr groß. Sie bestehen aus einem Fundament aus kräftigen Zweigen und Ästen, während das Innere mit Blättern und anderen weichen Materialien ausgepolstert wird. Den Nestbau übernimmt im Allgemeinen das Weibchen. Häufig benutzen die Vögel ihre Nester jahrelang und verstärken sie jeweils zu Beginn der Brutsaison erneut mit Zweigen und Polstermaterial. Eines der größten bekannten Nester gehörte Weißkopfseeadlern. Es maß drei Meter im Durchmesser und war sieben Meter hoch sowie fast zwei Tonnen schwer.

Bei den meisten Arten besteht das durchschnittliche Gelege aus zwei Eiern, besonders große Arten legen jedoch nur ein Ei pro Brutsaison. In der Regel brüten die Weibchen, doch häufig lösen die Männchen sie zwischendurch ab. Die Brutzeit dauert rund sechs Wochen. Bei Gelegen mit zwei Eiern kommt es öfter vor, dass das ältere Junge das jüngere Geschwister nicht nur tötet, sondern auch frisst. Wenn dies nicht passiert, so ist der Schrei des Älteren meist durchdringender. Deshalb erhält er mehr Futter und wächst schneller als das später geschlüpfte Küken.

Wann die Jungen flügge werden, hängt von der Größe der Art ab. Bei kleinen Adlerarten fliegt der Nachwuchs nach durchschnittlich sieben bis acht Wochen, bei Harpyien dagegen kann es bis zu sechs Monate dauern. Bis die jungen Adler dann vollkommen selbstständig sind, vergeht ebenfalls unterschiedlich viel Zeit: bei manchen Arten nur ein Monat, bei Affenadlern dagegen gut ein Jahr.

Derzeit zählt man 68 Greifvogelarten zu den Adlern. Manche Ornithologen unterteilen diese in vier Gruppen: Eigentliche Adler, Seeadler, Schlangenadler und Harpyien.

Eigentliche Adler

Dieser Gruppe werden 32 Arten zugeordnet, darunter auch der kleinste Adler, der australische Kaninchenadler, der nur 900 Gramm wiegt. Die größte Art dieser Gruppe ist gleichzeitig der größte Adler Afrikas, der bis zu sieben Kilogramm schwere Kampfadler. Als weithin bekanntester

AUF DER FÄHRTE DER JÄGER

Der Raubadler *(Aquila rapax)* ernährt sich überwiegend von frischem Aas. Häufig frisst er von anderen Greifvögeln getötete Vögel und bis zu kaninchengroße Säugetiere. Er selbst jagt außerdem kleine Nager, Eidechsen, Schlangen und Heuschrecken. Raubadler werden häufig in der Nähe von Jägern beobachtet, denen sie auf der Pirsch folgen. Sobald ein Schuss abgegeben wird, schnappen sich die Adler oft im Sturzflug das verletzte oder getötete Tier, noch bevor der Jäger es bergen kann. Das Foto unten zeigt die in Indien heimische Unterart *Aquila rapax vindhiana*.

ZARTE STIMME

Rechte Seite: In der Paarungszeit schreien die Weißkopfseeadler häufig, doch trotz der beeindruckenden Größe klingen ihre Stimmen recht leise. Mit gesenktem Kopf und weit aufgesperrtem Schnabel geben sie Laute von sich, die an Möwenrufe erinnern.

ERFOLGREICHER LACHSFANG

Unten: Während der Laichzeit der Lachse finden sich die Weißkopfseeadler in großen Schwärmen an Küsten und Flüssen ein, um sich über die nun in riesigen Mengen auftretenden Lachse und andere Fische herzumachen. Obwohl die Nahrung im Überfluss vorhanden ist, versuchen sie sowohl ihren Artgenossen als auch den ebenfalls versammelten Fischadlern möglichst viele Beutestücke abzujagen.

Vertreter der Eigentlichen Adler gilt der Steinadler. Seine Verbreitung umfasst weite Teile der nördlichen Halbkugel und schließt die Arktis ebenso ein wie die Gebirge der nördlichen Sahara.

Die Eigentlichen Adler ernähren sich von einer großen Bandbreite an Beutetieren, darunter mittelgroße Vögel und Säugetiere. Die größeren Adlerarten sind sogar in der Lage, Tiere von der Größe eines jungen Rehs zu fangen. Auch Aas wird nicht verschmäht.

Seeadler

Die Vögel ernähren sich überwiegend von Fischen, die sie an der Wasseroberfläche mit ihren Fängen ergreifen. In diesem Verhalten unterscheiden sie sich von den Fischadlern, die zum Fangen ihrer Beute auch unter Wasser tauchen.

Die bekannteste Art aus dieser Gruppe ist der Weißkopfseeadler, der größte amerikanische Adler und gleichzeitig das Wappentier der Vereinigten Staaten. Mit seinem markanten weißen Kopf, den kräftigen, breiten Schwingen und der eleganten Erscheinung gilt er als Inbegriff des stolzen Adlers. Die Vögel kommen fast überall in Nordamerika vor, von Alaska und Kanada bis in die südlichen Bundesstaaten der USA.

Der in Ostasien heimische Riesenseeadler ist der größte Vertreter der Gruppe. Die Weibchen erreichen eine Körperlänge von mehr als einem Meter und eine Flügelspannweite von 2,4 Metern; die Männchen

werden etwas kleiner. Somit ist der Riesenseeadler nur geringfügig zierlicher als die Harpyie.

Die meisten Seeadler weisen an der Unterseite eine mehr oder minder ausgeprägte weiße Befiederung auf. Dies hat den Vorteil, dass die oberflächennah schwimmenden Fische den Feind in der Luft kaum erkennen können und vom Angriff des Seeadlers überrascht werden.

Schlangenadler

Als gemeinsames Merkmal zeichnet diese Gruppe ihre Vorliebe für Schlangen aus. Man findet die Tiere vor allem in Afrika, Indien, China und Indonesien. Eine Art, der Schlangenadler *(Spilornis gallicus)*, ist jedoch auch in Europa zu finden und kommt zahlenmäßig häufig in Süd-, West- und Osteuropa sowie in Nordafrika und in Teilen Russlands vor. Im Herbst ziehen die Vögel zum Überwintern nach Zentralafrika.

Abgesehen von Schlangen fressen die Vertreter dieser Gruppe auch Frösche, Eidechsen und andere Reptilien sowie kleine Säugetiere. Gelegentlich stellen sie auch Krebsen und Fischen nach. Wenn sie jagen, beziehen die Vögel Stellung auf einem hohen Ast an einer Lichtung und stürzen sich dann unvermittelt auf die Beute nieder, die sie von ihrem Ansitz aus erspäht haben.

FEIND DER AFFEN

Mit einer Körperlänge von rund einem Meter gehört der Affenadler *(Pithecophaga jefferyi)* zu den größten Adlern. An oberster Stelle seines Beutespektrums stehen mittelgroße Säugetiere wie Riesengleiter und Makaken. Häufig arbeitet eine Gruppe dieser beeindruckenden Greifvögel bei der Jagd zusammen: Ein Adler lenkt eine Affenhorde ab, während ein anderer Adler einen Affen hinten in der Horde angreift. Heute stehen diese Greifvögel auf der Roten Liste der stark gefährdeten Arten, da die Intensivierung der Landwirtschaft ihren Lebensraum stark schrumpfen ließ.

Harpyien

Diese Gruppe umfasst die größten aller Adler und besteht aus vier Arten. Die Harpyie und der Würgadler leben in Teilen Mittel- und Südamerikas, der Affenadler besiedelt die Philippinen, und der Papuaadler ist auf Papua-Neuguinea zu finden.

Mit einem Gewicht von rund neun Kilogramm und einer Körperlänge von bis zu 1,1 Metern ist die Harpyie der größte Adler der Welt. Dicht auf den Fersen folgt ihr der etwas leichtere Affenadler, der eine Länge von rund einem Meter erreicht.

Alle vier Arten dieser Gruppe leben in Wäldern. Sie besitzen verhältnismäßig kurze, aber sehr kräftige Flügel und sind in der Lage, Beutetiere zu heben und im Flug mit sich fortzutragen, die fast so viel wiegen wie sie selbst. Zu ihren bevorzugten Opfern zählen große Vögel, im Wald lebende Säugetiere, darunter auch Affen, sowie Reptilien. In bewohnten Gebieten attackieren sie auch Haustiere: So weiß man etwa von Affenadlern, die sich aus Dörfern Ferkel und Hunde holen.

Fischadler

Die Fischadler werden nicht zur engeren Verwandtschaft der Adler gezählt, da sie in taxonomischer Hinsicht eine eigene Nische besetzen und sich offenbar vor 24 bis 30 Millionen Jahren von den übrigen Greifvögeln abgespaltet haben. Nachdem sie jedoch einigen Fisch fressenden Adlern sehr ähnlich sehen und sich auch ähnlich wie diese verhalten, erscheint es vertretbar, sie hier mit einzuschließen.

Fischadler trifft man in vielen Teilen der Erde an, außer in Polargebieten, den mittleren Staaten der USA, Südamerika sowie in großen Teilen Afrikas, Europas und Südostasiens. Die Vögel neigen dazu, in nördlichen Regionen zu brüten. Sie ernähren sich fast ausschließlich von Salz- und Süßwasserfischen. Tote oder sterbende Fische nehmen sie nur ausnahmsweise. Anders als viele andere Greife versuchen sie kaum, das Futter anderer Vögel zu stehlen, doch umgekehrt kommt es mitunter vor, dass andere Vögel, darunter Reiher, ihnen einen Fisch abjagen.

Gelegentlich lauern die Vögel von erhöhten Ansitzen aus auf Beute, meist aber gleiten sie im Suchflug über ein Gewässer. Sobald sie ein Opfer ausgemacht haben, tauchen sie mit den Füßen ins Wasser ein und packen es mit den Krallen. Manchmal rütteln sie über der Wasserfläche und spähen nach Fischen aus. Es ist nicht ungewöhnlich, dass ein Fischadler vollständig ins Wasser taucht, um seine Beute zu packen. Jungvögel haben dann mitunter Probleme, wieder aufzufliegen, da es ihnen noch an Kraft fehlt. Bevor der Adler wieder aus dem Wasser aufsteigt, dreht er den Fisch so in den Krallen, bis er ihn mit dem Kopf voran in Flugrichtung hält, was den Reibungswiderstand des Fisches im Wasser und in der Luft verringert. Dank der drehbaren äußeren Zehen und der schuppigen Zehenunterseiten schafft es der Adler, schlüpfrige Fische mit bis zu zwei Kilogramm Gewicht davonzutragen.

Die Vögel werden im Alter von drei Jahren fortpflanzungsfähig. Sie bauen ihre Horste in Baumkronen – bevorzugt von Nadelbäumen –, auf Felsvorsprüngen oder künstlichen Plattformen. Der Horst wird in den folgenden Jahren weiter benutzt und dabei jedes Mal ausgebessert und neu gepolstert. So kann er im Lauf der Zeit sehr groß werden. Ein Gelege besteht in der Regel aus zwei bis drei Eiern, die Brutzeit dauert fünf bis sechs Wochen. Die Jungen sind sieben bis acht Wochen nach dem Schlüpfen flügge und nach zwei Monaten vollkommen selbstständig.

Im ersten Lebensjahr sterben mitunter bis zu 60 Prozent der Jungvögel, während die Überlebenden 15 bis 20 Jahre alt werden können. Von einzelnen Individuen ist bekannt, dass sie 30 Jahre und älter wurden.

STARKES FUNDAMENT

Fischadler *(Pandion haliaetus)* beginnen beim Bau ihres stattlichen Horstes mit einem Fundament aus Ästen und kräftigen Zweigen. Anschließend wird der Horst mit weichem Material ausgepolstert, zum Beispiel mit Tang, Schilf, Gras oder Heidekraut.

ANMUT UND KRAFT

Die langsamen, kraftvollen Flügelschläge verleihen dem Flug der Steinadler *(Aquila chrysaetos)* große Eleganz. Die majestätischen Vögel besitzen extreme Energie und Ausdauer. Sie wurden schon dabei beobachtet, wie sie selbst in 160 km/h schnellen Stürmen mühelos aufstiegen. Wenn sie sich aus großer Höhe auf die Beute stürzen, erreichen sie Fluggeschwindigkeiten von mehr als 200 km/h.

Zwar wurden Steinadler vom Menschen im 19. und 20. Jahrhundert so stark bejagt, dass die Art zumindest regional als gefährdet betrachtet wurde, doch nimmt man an, dass es insgesamt noch sehr viele dieser Vögel gibt. Der weltweite Bestand der Steinadler, die auf der nördlichen Halbkugel außerhalb der Tropen fast überall verbreitet sind, liegt manchen Schätzungen zufolge bei 250 000 Individuen.

DIVERSE JAGDTECHNIKEN

Links: Steinadler kennen mehrere Methoden des Beutefangs: Sie suchen im Gleitflug nach Beute und ergreifen diese im Sturzflug, lauern ihr von einem Ansitz aus auf oder streichen im niedrigen Flug über ein ausgewähltes Gebiet. Gelegentlich wurden Steinadler sogar dabei gesichtet, wie sie ihre Beute am Boden „zu Fuß" beschlichen, um sie unvermittelt anzuspringen und mit den Krallen zu packen.

GEFÄHRLICHER ANSITZ

Oben: In manchen Gebieten stellen Stromleitungen die größte Gefahr für Steinadler dar. Die Spannweite mancher Exemplare beträgt mehr als zwei Meter; wenn sie von einem Strommast abfliegen, kann es passieren, dass beide Flügel stromführende Kabel berühren und die Vögel an einem elektrischen Schlag sterben. Manche Elektrizitätsgesellschaften konnten die Unfallrate bei Steinadlern um 95 Prozent senken, indem sie an den mastnahen Kabelpartien Isoliermanschetten anbrachten.

KAMPF IM NEST

Steinadlerweibchen legen gewöhnlich im Abstand von zwei Tagen je ein Ei. Da sie mit dem Brüten beginnen, sobald das erste Ei gelegt ist, schlüpft das ältere Küken zwei Tage vor dem jüngeren. Wenn beide überleben, kommt es zu heftigen Geschwisterkämpfen. In 80 Prozent der Fälle tötet das ältere Adlerjunge sein jüngeres Geschwister und frisst es auf.

IN GROSSER HÖHE

Oben: Der Kampfadler *(Polemaetus bellicosus)* ist mit einer Körperlänge von 80 bis 97 Zentimetern der größte afrikanische Adler. Tagsüber hält er sich meist in der Luft auf und fliegt so hoch, dass er nur durch ein starkes Fernglas zu erkennen ist. Seine Beute fängt er oft nach einem bis zu fünf Kilometer langen Sturzflug.

DAS GUTE INS KRÖPFCHEN

Rechte Seite: Auf dem Speiseplan der Kampfadler steht neben einer großen Bandbreite an Säugetieren, Vögeln und Reptilien gelegentlich auch Aas. Große Kadaver werden am Boden und häufig auch über mehrere Tage hinweg gefressen. Alle Greifvögel besitzen in ihrer Kehle eine Tasche, den so genannten Kropf, den man auf diesem Foto deutlich hervortreten sieht. Die Nahrung wird im Kropf aufbewahrt und erst dann zum Magen weitergeleitet, wenn der Vogel zu seinem Ruheplatz zurückgekehrt ist. Unverdauliche Teile wie Fell und Knochen werden als Gewölle wieder ausgewürgt.

FREIBEUTER DER LÜFTE

Die indische Unterart des Raubadlers *(Aquila rapax vindhiana)* ist mit einer Körperlänge von 60 bis 70 Zentimetern und einer Spannweite von 165 bis 185 Zentimetern ein großer Vertreter der Adler. Da er anderen Vögeln, darunter auch Greifvögeln, die Beute stiehlt, wird er vielerorts als „Pirat" unter den Greifvögeln bezeichnen. Wenn er andere Arten berauben will, greift dieser Adler von oben her an und stößt dabei ständig bellende Rufe aus. Auf den ersten Angriff folgt häufig eine wilde Jagd, bis der Bedrängte seine Beute fallen lässt.

WAPPENTIER DER KAISER UND KÖNIGE

Der Kaiseradler *(Aquila heliaca)* war im späten 19. und frühen 20. Jahrhundert das Wappentier der österreichisch-ungarischen Monarchie. Der größte aller europäischen Adler erreicht ungefähr eine Körperlänge von 70 bis 84 Zentimetern und eine Spannweite von 220 Zentimetern. Heute ist diese Art in Europa stark gefährdet und kommt nur noch in einer kleinen Region in Spanien sowie in Teilen Südosteuropas vor. Die größten Bestände trifft man in West- und Zentralasien an. Bis zu acht Jahre dauert es, bevor ein junger Kaiseradler (oben) sein Jugendkleid ablegt und das Gefieder der erwachsenen Vögel ausprägt (links).

EIN REICH IN SPANIEN

Von den in Europa geborenen Kaiseradlern bleiben die erwachsenen Tiere das ganze Jahr über in Spanien, während die Jungvögel den Winter in Nordafrika verbringen. Durch gezielte Artenschutzmaßnahmen gelang es, den Bestand von 30 brütenden Paaren Ende der 1970er-Jahre auf rund 150 Paare in den frühen 1990er-Jahren zu vergrößern. Ende des 20. Jahrhunderts gingen die Zahlen allerdings wieder zurück. Verantwortlich für diese Besorgnis erregende Entwicklung sind vor allem der Einsatz von Chemikalien in der Landwirtschaft, tödliche Stromschläge an Leitungsmasten sowie illegal ausgelegte Giftköder.

VORTEILE DURCH DIE KOLONISIERUNG

Der Keilschwanzadler *(Aquila audax)* ist weit in Australien verbreitet und kommt sogar in Wüstenregionen vor. Häufig nistet er in dicht bewaldeten Gebieten, während er bevorzugt in offenem Gelände jagt. Die Rodung der Wälder und die Einführung von Kaninchen und Schafen im Zuge der Kolonisierung des Kontinents ab dem 20. Jahrhundert wirkten sich für diesen Adler sehr positiv aus. Obwohl er als Schädling galt und in den 1950er-Jahren zu den am stärksten bejagten Adlerarten zählte, nimmt man an, dass der Bestand heute größer ist als vor der Kolonisierung Australiens.

TREUE PARTNER

Oben: Haben sich Zwergadler *(Hieraaetus pennatus)* einmal verpaart, verbringen sie die meiste Zeit zusammen. Selbst außerhalb der Brutzeit jagen beide Partner oft gemeinsam. Sieht man nur einen Vogel, kann man davon ausgehen, dass der andere nicht weit ist und sich bald zeigen wird.

ÜBERRASCHUNGSANGRIFF

Rechts: Erst seit kurzem wird der Habichtsadler *(Hieraaetus fasciatus)* als eigenständige Art angesehen. Früher galt er als eurasiasche Unterart des Afrikanischen Habichtsadlers. Er jagt ähnlich wie der Habicht: Von einem Ansitz aus schießt er hervor, um ahnungslose Vögel im Flug anzugreifen.

KLEIN, ABER FEIN

Der Kaninchenadler *(Hieraaetus morphnoides)* ist mit einer Körperlänge von 38 bis 56 Zentimetern der kleinste Vertreter in der Familie der Adler. Ihn bedrängen mitunter sogar Elstern und Krähen. Die kleinen Adler suchen sich zum Nisten möglichst hohe Bäume und benutzen häufig verlassene Nester anderer Greifvögel. Junge Kaninchenadler sind nach rund vier Monaten völlig selbstständig.

AUSDAUERNDER AKROBAT

Der Gaukler *(Terathopius ecaudatus)* ist ein wahrer Akrobat der Lüfte. Trotz der sehr kurzen Schwanzfedern vollführt dieser Adler bei der Verfolgung seiner Beute äußerst wendige Flugmanöver. Seine sehr langen Flügel ermöglichen es ihm, den ganzen Tag über in der Luft zu bleiben. Gaukler steigen in thermischen Strömungen am Vormittag auf, legen im Laufe eines Tages über 320 Kilometer zurück und erreichen in der Abenddämmerung wieder ihre Ruheplätze.

HOCH SPEZIALISIERTER JÄGER

Der Kaffernadler *(Aquila verreauxii)* hat sich auf eine ganz bestimmte Beuteart spezialisiert: Klippschliefer – kleine, rundliche, Pflanzen fressende Säugetiere. In manchen Gegenden Afrikas besteht die Ernährung der Kaffernadler bis zu 98 Prozent aus diesen Tieren. Die Adler fangen sie auf unterschiedliche Weise. Eine Methode besteht darin, sich aus großer Höhe unvermittelt auf das Opfer zu stürzen. Oder die Adler fliegen in geringer Höhe und nutzen Felsen und Bodenerhebungen als Verstecke, um ihre Beute von hinten anzugreifen. Es wurden auch schon Kaffernadler dabei beobachtet, wie sie Klippschliefer von hohen Felsen stürzten, um sie zu töten.

VARIANTENREICH

Oben: Von allen Greifvögeln weist der Haubenadler *(Spizaetus cirrhatus)* die größte Formenvielfalt auf. Die Farbpalette der sechs Unterarten reicht von Schwarz bis zu hellem Braun mit dunkleren Tupfen. Auch die Länge der Haubenfedern variiert: Während eine Unterart gar keine Haube besitzt, kann sie bei einer anderen bis zu 15 Zentimeter hoch werden.

BREITSCHNABELIG

Rechts: Da er in den gleichen Regionen Indiens und Afrikas überwintert wie der Raubadler, hielt man den Steppenadler *(Aquila nipalensis)* für eine Unterart. Inzwischen wird er jedoch als eigenständige Art angesehen. Vogelexperten erkennen ihn an seiner breiteren Schnabelspalte, die bis hinter das Auge reicht und damit weiter ist als beim Raubadler.

AMERIKAS WAPPENTIER

1784 brachte Benjamin Franklin seine Enttäuschung darüber zum Ausdruck, dass der Weißkopfseeadler *(Haliaeetus leucocephalus)* zum Wappentier der USA ernannt worden war. Seiner Ansicht nach war dieser Adler ein „unmoralischer Vogel", da er sich „seinen Lebensunterhalt nicht auf ehrliche Weise" beschafft. Franklin erinnerte daran, dass der Weißkopfseeadler zu faul sei, selbst Fische zu fangen, und es vorziehe, sie anderen Vögeln zu stehlen. Ferner meinte er, die Adler seien „elende Feiglinge", da sie sich aus ihrem Revier von anderen Vögeln vertreiben ließen, die nicht größer als Spatzen seien. Anschließend pries er die Tugenden des Truthahns, den er als einen „wesentlich achtbareren Vogel" und einen „echten Amerikaner" bezeichnete.

Wie der Weißkopfseeadler weisen viele andere tagaktive Greifvögel über den Augen einen vorspringenden knöchernen Wulst auf, der die Augen beschattet und es den Vögeln dadurch erleichtert, während des Fliegens Beute am Boden auszumachen.

BEUTE ERSPÄHT ...

Meist beobachten Weißkopfseeadler die Wasserfläche von einem hohen Ast oder einem Felsen aus. Sobald sie einen großen Fisch in der Nähe der Oberfläche schwimmen sehen, fliegen sie die Beute in flachem Gleitflug an.

... UND GEFANGEN!

Anders als Fischadler tauchen Weißkopfseeadler nur in Ausnahmefällen mit dem ganzen Körper ins Wasser ein. Normalerweise packen sie ihre Beute knapp unter der Oberfläche, ohne dabei wirklich nass zu werden. In Alaska stellen tote oder sterbende Lachse für Weißkopfseeadler eine wichtige Nahrungsquelle dar.

JAGDGLÜCK

Weißkopfseeadler packen ihre Beute mit beiden Füßen und ziehen sie aus dem Wasser. Anders als Fischadler drehen sie sie dabei nicht so in ihren Fängen, dass sie sich mit dem Kopf voran in Flugrichtung befindet, was den Reibungswiderstand im Wasser und in der Luft verringern würde. Mit dem Fisch fliegen die Seeadler zu einem Baum oder einem anderen Ruheplatz, um ihn ungestört zu verzehren. Dabei halten sie aufmerksam nach Artgenossen Ausschau, die versuchen könnten, ihnen ihren Fang zu stehlen.

LEUCHTENDE AUGEN

Oben: Der Seeadler *(Haliaeetus albicilla)* wurde im letzten Viertel des 20. Jahrhunderts in Schottland wieder eingeführt. Seinen hellgelben Augen verdankt er den schottischen Namen *Iolaire suil na greine*: „Adler, in dessen Augen die Sonne strahlt".

ANFANGS UNSCHEINBAR

Rechts: Weißbauchseeadler *(Haliaeetus leucogaster)* besiedeln die Küsten Indiens, Südostasiens und Australiens. Aufgrund ihrer Größe und ihres markanten Gefieders – weißer Kopf und Körper, graubraune Flügel – sind die ausgewachsenen Vögel unverwechselbar. Jungadler (Foto) prägen das Erwachsenengefieder erst im vierten oder fünften Lebensjahr aus.

MEISTERFISCHER UND ROBBENJÄGER

Der Riesenseeadler *(Haliaeetus pelagicus)*, der größte Vertreter aus der Gruppe der Seeadler, ist mit bis zu neun Kilogramm Gewicht etwa um die Hälfte schwerer als der mit ihm eng verwandte Weißkopfseeadler. Riesenseeadler ernähren sich überwiegend von Fisch, und zwar hauptsächlich von Lachsen. Ihr axtförmiger Schnabel eignet sich ausgezeichnet dazu, die besonders zähe Haut der Lachse aufzureißen. Wenn Mangel an Fischen herrscht, jagen Riesenseeadler Vögel und sowohl Land- als auch Meeressäuger, darunter auch junge Robben.

VERSCHIEDENE STRATEGIEN

Jeder der hier gezeigten Schlangenvertilger verfügt über eine ganz eigene Jagdstrategie. Linke Seite: Der Schlangenadler *(Circaetus gallicus)*, den man in Afrika, in Europa bis Russland und in Indien antrifft, sucht vorwiegend im niedrigen Flug nach Beute, stößt aber auch aus Höhen von 150 bis 450 Metern auf ein Opfer herab. Rechts: Der Einfarb-Schlangenadler *(Circaetus cinereus)* besiedelt Afrika südlich der Sahara. Er nutzt bevorzugt erhöhte Warten auf Bäumen oder Anhöhen und fliegt seine Beute im niedrigen Gleitflug an. Oben: Die Schlangenweihe *(Spilornis cheela)* aus Indien, China und Südostasien wartet auf einem Ast reglos darauf, dass ein geeignetes Beutetier in die Nähe ihres Ansitzes kommt.

ADRETT FRISIERT

Die langen Federn seiner Haube verleihen dem Schopfadler *(Lophaetus occipitalis)* sein typisches Aussehen. Obgleich sie gelegentlich Hausgeflügel stehlen, sind die Adler auf afrikanischen Farmen in der Regel gern gesehene Gäste, denn sie erbeuten vornehmlich Mäuse und Ratten, die sie mit ihren kleinen Füßen packen.

UNSICHTBARER RIESE

Rechts: Die Harpyie *(Harpia harpyja)* ist mit 90 bis 105 Zentimeter Körperlänge der größte aller Adler. Dennoch gelingt es ihr, sich in den Baumriesen des amazonischen Regenwalds gut zu verstecken. Sie fliegt nur selten oberhalb des Blätterdachs, sondern jagt lieber von einem Ansitz aus, der sich an Lichtungen oder Flüssen befindet.

FEST IM GRIFF

Fischadler *(Pandion haliaetus)* fangen bis zu zwei Kilogramm schwere Fische. Vor der Jagd wählen sie einen Ansitz, der direkt über dem Wasser liegt und von dem aus sie sich unmittelbar auf ein in Oberflächennähe schwimmendes Opfer fallen lassen können. Die Füße der Fischadler sind optimal daran angepasst, die schlüpfrige Beute sicher zu greifen. Zum einen weisen die Unterseiten der Zehen dornenähnliche Schuppen auf, zum anderen sind alle Zehen gleich lang, und die jeweils äußere Zehe ist drehbar. Sie ermöglicht einen festen Griff.

GESCHICKTER FISCHFÄNGER

Links: Beim Auftauchen aus dem Wasser dreht der Fischadler den gefangenen Fisch so in seinen Krallen, dass dieser mit dem Kopf zuerst aus dem Wasser austritt. Dadurch verringert sich der Reibungswiderstand: So kann der Vogel mit dem Fisch in den Fängen leichter auffliegen. Auch während des Fluges zum Ansitz ändert der Adler nichts an der Position seiner Beute. 350 v. Chr. fiel dem griechischen Philosophen Aristoteles auf, dass der Fischadler seine Beute zwar mit den Krallen packte, sie aber häufig zurück ins Wasser fallen ließ, wenn er sie nicht tragen konnte. Da dieses Verhalten heute nicht mehr so oft zu beobachten ist, scheinen die Fischadler im Laufe der letzten 2000 Jahre ihre Jagdtechnik verfeinert zu haben. Offensichtlich sind sie zu wendigeren und effizienteren Fischfängern geworden.

GERECHT VERTEILT

Oben: Bis sie das Nest verlassen und für sich selbst sorgen können, werden die jungen Fischadler vor allem von der Mutter gefüttert. Sie verteilt die vom Vater zum Nest gebrachte Beute. Anfangs zerreißt sie sogar kleinste Fische und stopft sie stückchenweise in die Schnäbel ihres Nachwuchses. Wenn die Jungen größer sind, werfen beide Elterntiere ganze Fische ins Nest und lassen den Nachwuchs allein damit fertig werden.

HABICHTE UND VERWANDTE

In dieser Gruppe werden – ungeachtet der exakten verwandtschaftlichen Verhältnisse – die Arten mehrerer Unterfamilien zusammengefasst, darunter die Eigentlichen Habichte und Sperber der Gattung *Accipiter,* die Bussarde der Gattung *Buteo* sowie Milane, Gleitaare und Weihen. Hinsichtlich der Jagdmethoden und der bevorzugten Beute unterscheiden sich die Arten allerdings stark voneinander.

Bussarde

Dieser Kategorie gehören 48 Greifvogelarten an, von denen 28 zu den Eigentlichen Bussarden der Gattung *Buteo* zählen. Die typischen Bussarde sind verhältnismäßig große Vögel, aber stets kleiner als Adler. Ebenso wie diese besitzen sie sehr große und breite Flügel.

Häufig sieht man die Bussarde hoch oben am Himmel kreisen und Ausschau nach Beute halten. Um größere Höhen zu erreichen, schrauben sie sich mit ausgebreiteten Flügeln in thermischen Aufwinden empor. Die zweite am häufigsten angewendete Jagdmethode besteht darin, auf einem Ansitz zu hocken und geduldig auf vorbeikommende Beute

BEUTEFANG MIT GEDULD

Obwohl er ein geschickter Flieger ist, verbringt der Rotschwanzbussard *(Buteo jamaicensis)* sehr viel Zeit auf seinen Ansitzwarten hoch über dem Boden. Dort wartet er auf vorbeikommende Beutetiere, auf die er sich unvermittelt stürzt. Die Vögel ernähren sich überwiegend von kleinen Säugetieren, schlagen aber auch bis zu zwei Kilogramm schwere Hasen.

VORANGEHENDE SEITEN

Seite 74: Der Mäusebussard *(Buteo buteo)* wird aufgrund seiner Größe häufig für einen Adler gehalten.
Seite 75: Das Verbreitungsgebiet des Wegebussards *(Rupornis magnirostris)* erstreckt sich von Mexiko bis ins nördliche Argentinien. In diesen Regionen ist er zahlenmäßig der häufigste Bussard.

zu warten. Gejagt werden vor allem kleine bis mittelgroße Säugetiere, Reptilien, Amphibien, Wirbellose und große Insekten.

Der größte Vertreter aus der Gattung *Buteo* ist der fast überall in den westlichen Staaten der USA anzutreffende Königsbussard, der mitunter etwas mehr als ein Kilogramm Gewicht auf die Waage bringt. Mit nur rund 340 Gramm ist der Wegebussard das kleinste Mitglied der Gruppe. Von allen Vertretern der Gattung *Buteo* kommt der Rotschwanzbussard in den USA am häufigsten vor. Sein Verbreitungsgebiet reicht von Mittelamerika, Kuba, Jamaika und den übrigen großen karibischen Inseln über die USA und Kanada bis nach Alaska. Der Vogel ist fast so groß wie der Königsbussard und sehr kräftig. Die Nähe des Menschen scheint ihm nichts auszumachen, denn man sieht ihn häufig in der Nähe von Farmen und in Großstädten. Er nistet sogar im New Yorker Central Park.

Bussarde bauen eher eigene Horste, als dass sie die verlassenen Nester anderer Vögel benutzen würden. Sie legen sie meist in Bäumen und gelegentlich auf Felsvorsprüngen an. Es kommt jedoch auch vor, dass sie in städtischen Ballungsräumen auf Bauwerken nisten, etwa auf Wolkenkratzern. Die Nester werden jedes Jahr wieder verwendet und vor dem erneuten Bezug weiter ausgebaut. Ein durchschnittliches Gelege besteht aus zwei bis drei Eiern, doch wenn Nahrung reichlich vorhanden ist, legen manche Weibchen bis zu fünf Eier.

Sehr eng mit den Vertretern der Gattung *Buteo* verwandt ist der Wüstenbussard, wie man rein äußerlich schon an den für echte Bussarde typischen großen Flügeln und langen Beinen sehen kann. Diese Übereinstimmungen werden treffend von seinem wissenschaftlichen Namen *Parabuteo* zusammengefasst, der übersetzt „wie ein Bussard" bedeutet. Im Gegensatz zu den meisten Greifvögeln, die ihre Beute bevorzugt allein oder aber während der Fortpflanzungszeit zusammen mit ihrem Partner schlagen, bilden Wüstenbussarde große Jagdgemeinschaften aus eng miteinander verwandten Tieren.

Milane und Gleitaare

Die Unterfamilie der Milane und Gleitaare umfasst weltweit 19 Arten. Manche Wissenschaftler halten sie für die älteste Gruppe aus der großen Ordnung der Greifvögel, von denen sich alle anderen später abspalteten. Zum Teil wird diese Theorie durch den Umstand bestätigt, dass sich ausgeprägter räuberisch lebende Formen meist aus weniger ausgeprägt räuberisch lebenden Formen entwickeln, und tatsächlich schlagen die Milane und Gleitaare von allen Greifvögeln am seltensten größere Beutetiere. Vielmehr ernähren sie sich überwiegend von Aas sowie von Schnecken, Regenwürmern oder Ähnlichem. Wenn sie tatsächlich einmal Vögel und Säugetiere jagen, haben sie es eher auf sehr junge

STRASSENKEHRER

Im mittelalterlichen Großbritannien sorgte der Rotmilan *(Milvus milvus)* für saubere Straßen und Gassen. Er fraß den Abfall, bevor dieser verfaulte, und war deshalb gesetzlich geschützt. Als Folge davon wuchs der Milanbestand so stark an, dass die Greifvögel schließlich auch Haustiere angriffen, um zu überleben. Im 16. Jahrhundert erklärte man die Rotmilane für Schädlinge und ordnete an, sie in ganz England und Wales zu töten.

DREISTE DIEBE

Der Schwarzmilan *(Milvus migrans)* ist ein verwegener Aasfresser, der so gut wie keine Scheu vor Menschen zeigt. Die Vögel leben häufig in großer Zahl in der Nähe von Städten und Dörfern, wo sie ausreichend Abfall finden. In Afrika und Indien beobachtet man regelmäßig, wie sie im Sturzflug Essen aus Kochtöpfen und sogar aus den Händen der Leute stehlen.

und kranke Tiere abgesehen als auf kräftige, gesunde und ausgewachsene Exemplare.

Bei der Jagd wenden die Vögel unterschiedliche Methoden an. Entweder kreisen sie hoch oben in der Luft, suchen Beute im tieferen Gleitflug oder steigen in wendigen Flugmanövern flink auf und ab. In Kombination mit der geringen Körpermasse ermöglichen die großen, breiten Flügel die charakteristische Technik des Suchflugs und des raschen Herabstoßens auf Aas.

Der größte Milan ist der Rotmilan, der in West- und Mitteleuropa sowie in Teilen Italiens, Großbritanniens und Osteuropas brütet. Im 19. Jahrhundert wäre der Rotmilan auf den Britischen Inseln beinahe ausgestorben, doch rechtzeitig eingeleitete Schutzmaßnahmen und die in jüngerer Zeit erfolgte Auffrischung der Bestände durch das Aussetzen von Rotmilanen, die vom europäischen Kontinent stammten, führten zum Anwachsen des Bestands. Leider werden die Vögel in manchen Regionen immer noch gejagt. Milane fressen meist Aas, doch sagt man ihnen, wenn man sie beim Fressen eines Kadavers beobachtet, oft fälschlich nach, sie hätten das Tier selbst getötet. So werden trotz Aufklärungsmaßnahmen immer wieder Rotmilane mit ausgelegten Ködern vergiftet.

Der kleinste aller Milane ist der knapp 110 Gramm wiegende, im gesamten tropischen Südamerika verbreitete Perlweih.

Hinsichtlich der Bestandsgrößen geht der Schwarzmilan als erfolgreichste Art hervor. Mit Ausnahme von Großbritannien, Nordskandinavien, Nordafrika sowie Nord- und Südamerika kommt er weltweit vor. Der Schwarzmilan zeigt keine Scheu vor Menschen, lebt häufig in deren unmittelbarer Nähe und stiehlt mitunter sogar eine Mahlzeit vom Teller. Er sucht auch auf Müllhalden nach Nahrung und folgt Fischerbooten, um sich die über Bord geworfenen Fische zu schnappen.

Die Vögel bauen ihre Nester in Bäumen und Sträuchern, seltener auf Felsvorsprüngen oder alten Gebäuden. Ein Gelege besteht meist aus drei Eiern. Bis zu zehn Wochen dauert es, bis die Jungen flügge sind, weitere zehn Wochen bleiben sie von den Altvögeln abhängig.

Eng mit den Milanen verwandt sind die Wespenbussarde, die sich vorwiegend von Wespen, Bienen und deren Larven ernähren. Die wehrhaften Insekten können den Vögeln wegen ihrer dichten, harten Befiederung im Gesicht nichts anhaben. Die verbreitetste Art dieser Gruppe ist der Wespenbussard *(Pernis apivorus)*, der in weiten Teilen Eurasiens vorkommt. Die Art überwintert in Afrika südlich der Sahara. In Größe und Aussehen ähnelt sie dem Mäusebussard.

AUF KÜRZESTEM WEGE

Wespenbussarde *(Pernis apivorus)* brüten erst spät im Jahr, sodass die Küken genau zu dem Zeitpunkt flügge werden, wenn es Wespen und damit Nahrung für die Küken im Überfluss gibt. Kurz nachdem die Jungbussarde ausfliegen, treten sie den bis zu 10000 Kilometer langen Zug ins Winterquartier an. Die Jungvögel weisen ein blasseres Gefieder auf als die erwachsenen Tiere. Markante Kennzeichen sind ihr weißer Kopf und ihre dunklen Flügel. Mit der ersten Mauser verlieren sie ihr Jugendkleid.

VORNEHM IN GRAU

Rechte Seite: Das Männchen der Kornweihe *(Circus cyaneus)* trägt ein überwiegend blaugraues Gefieder, nur die Flügelspitzen sind dunkel gefärbt. Es unterscheidet sich dadurch leicht vom Weibchen, dessen bräunliches Federkleid der Tarnung dient.

KINDERSTUBE IM SCHILF

Unten: Rohrweihen *(Circus aeruginosus)* brüten meist in Sümpfen oder in dichter Vegetation über dem Wasserspiegel. Gewöhnlich fertigen sie jedes Jahr ein neues Nest und verarbeiten dafür Schilf, Rohrkolben, Zweige, andere Pflanzenteile und Gras. Die Nester werden bis zu 80 Zentimeter breit und 20 Zentimeter hoch.

Früh im Jahr, wenn die Wespen noch nicht aktiv sind, ernähren sich die Bussarde von Fröschen und Molchen, die sie im Wasser fangen. Um seine bevorzugte Beute aufzuspüren, wartet der Greifvogel auf einem Ansitz auf Wespen, die zur Futtersuche ausgeflogen sind. Diesen folgt er zu ihrem Nest. Befindet sich dieses im Freien, holt er es sich mitunter ganz. Nach im Boden verborgenen Nestern gräbt er bis zu 40 Zentimeter tief.

Weihen

Man unterscheidet 13 Arten von Weihen. Diese Vögel jagen vornehmlich in Sümpfen und Feuchtgebieten, kommen aber auch in trockeneren Regionen wie den südamerikanischen Pampas vor. Typisch für Weihen sind ihre langen, schlanken Flügel, die langen Schwanzfedern und die langen Beine. Ihre bevorzugte Jagdtechnik besteht darin, im niedrigen Gleitflug über ihr Revier zu streichen. Dabei lassen sie die Beine herabhängen, um eventuelle Beute sofort mit den Krallen packen zu können.

Alle Weihen weisen einen Gesichtsschleier auf – ein Zeichen dafür, dass sie ihre Beute anhand der im Schilf und hohen Gras verursachten Geräusche aufspüren. Sie erbeuten kleine Vögel und Säuger sowie Amphibien, Reptilien und große Insekten. In manchen Gegenden konzent-

ABWECHSLUNGSREICHE DIÄT

Die Afrikanische Höhlenweihe *(Polyboroides typus)* liebt abwechslungsreiche Kost. Neben Eiern, jungen Vögeln, Fröschen, Reptilien, Insekten, kleinen Säugetieren und gelegentlich Fledermäusen verzehrt sie auch gern die Nüsse der Ölpalme. Um diese zu erreichen, balanciert der Vogel vorsichtig auf den Palmwedeln und hält mithilfe der ausgebreiteten Flügel das Gleichgewicht. Wenn die Afrikanische Höhlenweihe bedroht wird, jagt oder balzt, verfärbt sich die unbefiederte, nackte Hautpartie im Gesicht von Blassgelb zu Dunkelrot.

rieren sie sich auf bestimmte, im Überfluss vorhandene Beutetiere. In ihren afrikanischen Winterquartieren verzehren manche Arten hauptsächlich Wanderheuschrecken.

Mit Ausnahme der auf Bäumen nistenden australischen Fleckenweihe bauen die Weihen ihre Horste am Boden, verborgen im Schilf oder zwischen anderen Pflanzen. Das Brüten und die Pflege der Jungen übernimmt das Weibchen. Die Küken sind mit sieben Wochen flügge; da sich die Nester am Boden befinden, beginnen unternehmungslustige Jungvögel bereits mit zwei Wochen, ihre Umgebung zu erkunden.

Nah verwandt mit den Weihen sind die Afrikanische und die Madagaskar-Höhlenweihe. Beide sind fast so groß wie die anderen Arten, weisen aber einen zierlicheren Körperbau und breitere Flügel auf. Ihr Speiseplan ist sehr vielfältig. Häufig jagen sie am Boden. Eier und Nestlinge aus Nestern in Baumhöhlen zählen zu ihren Leibspeisen.

Eigentliche Habichte

Diese Gruppe setzt sich aus 61 Arten zusammen, von denen 47 der Gattung *Accipiter* angehören und häufig auch als Eigentliche Habichte bezeichnet werden. Die meisten *Accipiter*-Arten jagen in Wald- oder Buschland. Ihre kurzen, breiten und kräftigen Flügel eignen sich gut dazu, mit hoher Geschwindigkeit kurze Strecken zwischen den Bäumen zurückzulegen. Die langen Schwanzfedern ermöglichen es, bei der Verfolgung von Beute rasch die Richtung zu ändern.

Die meisten Habichte ernähren sich von kleinen bis mittelgroßen Vögeln, die sie häufig in der Luft nach einem kurzen, von einem Ansitz aus unternommenen Flug schlagen. Des Weiteren kommen als Beute große Insekten, Reptilien und kleine Säuger in Frage.

Der größte Vertreter aus dieser Gruppe ist der bis zu 2,3 Kilogramm schwere Habicht. Er besiedelt fast die gesamte nördliche Halbkugel. Neben mittelgroßen Wasservögeln, Möwen und Watvögeln jagt er auch einige Greifvögel, darunter in Europa den Wespenbussard sowie mehrere Eulenarten. Zu den Säugetieren, denen er regelmäßig nachstellt, zählen neben Kaninchen verschiedene am Boden oder auf Bäumen lebende Hörnchenarten. Sein kräftiger Körperbau und die starken Beine ermöglichen es ihm, Tiere zu fangen und zu töten, die ihn an Größe und Gewicht übertreffen.

Der kleinste Vertreter ist der in Süd- und Westafrika heimische, nur 115 Gramm leichte Zwergsperber, der neben kleineren Vögeln und Säugetieren auch Fledermäuse fängt.

Die meisten Habichte bauen ihre Horste selbst, doch einige Arten ziehen es vor, verlassene Nester anderer Vögel umzubauen. Genistet wird gewöhnlich hoch oben in den Baumkronen. Die Gelege bestehen durchschnittlich aus drei bis sechs Eiern. Das Brutgeschäft ist meist die Aufgabe des Weibchens. Nach dem Schlüpfen versorgt allerdings dann das Männchen sowohl das Weibchen als auch die Nestlinge mit Futter. Wenn der Nachwuchs mit zunehmendem Alter mehr Nahrung braucht, beteiligt sich auch das Weibchen an der Futtersuche. Da das Weibchen wesentlich größer als das Männchen ist, kann es größere Beutetiere fangen und zum Nest bringen.

EIN VOGEL FÜR ADLIGE

Der Habicht *(Accipiter gentilis)* ist der größte Vertreter seiner Gattung und ein sehr kräftiger, aggressiver Jäger. Im England des Mittelalters durften nur Adlige einen Habicht besitzen. Dies erklärt, warum sich der wissenschaftliche Artname des Vogels aus den lateinischen Wörtern für Habicht *(accipiter)* und adelig *(gentilis)* zusammensetzt.

GENÜGSAMES TIER

Der Mäusebussard *(Buteo buteo)* ernährt sich von einer Vielzahl von Beutetieren, zu denen Würmer, Käfer, kleine Vögel und bis zu kaninchengroße Säugetiere zählen. In schlechten Zeiten begnügen sich Mäusebussarde mit einer wöchentlichen Futterration, die ungefähr der Hälfte ihres Körpergewichts (sie wiegen zwischen 600 und 1300 Gramm) entspricht. Im Notfall können sie sogar mehrere Tage ohne Nahrung überleben. Viele Greifvögel, darunter auch einige, die wesentlich kleiner als Mäusebussarde sind, müssen in der Woche dreimal so viel fressen, wie sie wiegen, um gesund und fit zu bleiben.

RAFFINIERTER WURMJÄGER

Wenn er mit ausgebreiteten Flügeln in thermischen Aufwinden kreist, wirkt der Mäusebussard sehr anmutig. Im Grunde ist er jedoch ein ziemlich träger, schwerfälliger Vogel, der den Großteil seiner Zeit auf einem Ansitz verbringt. Bei trockenem Wetter kann man häufig kleine Gruppen von Mäusebussarden beobachten, die mit den Füßen am Boden trippeln. Damit ahmen sie das Geräusch von Regen nach und versuchen auf diese Weise, Regenwürmer an die Oberfläche zu locken. Diesem ungewöhnlichen Verhalten verdankt der Mäusebussard seinen in manchen Gegenden – etwa in den USA – verbreiteten Namen „Tanzender Habicht".

KLEINE HÄPPCHEN BEVORZUGT

Linke Seite: Der Königsbussard *(Buteo regalis)* hat kleine Füße, aber eine sehr breite Schnabelspalte. Dies bedeutet, dass er aufgrund seiner schwachen Fänge nur kleine Beutetiere ergreifen kann, die er dann allerdings häufig unzerkleinert verschlingt. Ornithologen sind sich bis heute nicht einig darüber, ob er korrekterweise der Gattung *Buteo* zugeordnet ist.

ÜBERREICHE FÜTTERUNG

Oben: Rotschwanzbussarde *(Buteo jamaicensis)* nisten vorzugsweise in Astgabeln. In Gebieten, die keine Bäume aufweisen, legen sie ihre Nester in Kakteen oder auf Felsvorsprüngen an. In Städten ziehen sie ihren Nachwuchs auch auf Gebäuden groß. Nachdem die Jungen geschlüpft sind, bringen die Elterntiere häufig mehr Nahrung zum Nest, als gefressen werden kann. Was übrig bleibt, wird dann allerdings aus dem Nest entfernt, bevor es verdirbt.

VIELFÄLTIGE LEBENSRÄUME
Ein Rotschwanzbussard zieht über dem Grand Canyon seine Kreise. Diese Greifvögel sind in ganz Nordamerika verbreitet und besiedeln praktisch jede Region, in der Bäume vorhanden sind. Deren Äste müssen so stark sein, dass sie das Gewicht der kräftigen Vögel und das ihrer Horste tragen können. Die Lebensräume, die Rotschwanzbussarde besetzen, sind vielfältiger als die jeder anderen Bussardart. In Wüstenregionen nisten die Vögel sogar in Kakteen.

BRUTPLÄTZE IM HOHEN NORDEN

Der Raufußbussard *(Buteo lagopus)* verbringt den Sommer in den nördlichsten Teilen Alaskas, Kanadas, Russlands und Skandinaviens. Dort bauen die Vögel ihre Nester direkt auf dem Boden der Tundra oder aber in den Kronen hoher, einzeln stehender Bäume, sofern vorhanden. Der Beginn des Frühlingszuges in die Arktis bzw. des Herbstzuges nach Süden richtet sich nach dem Einsetzen der Schneeschmelze im Spätwinter bzw. den ersten Schneefällen im Herbst.

HUNGRIGE SCHNÄBEL

Die Größe eines Raufußbussard-Geleges hängt vom Futterangebot ab. In Jahren, in denen Nahrungsmangel herrscht, legt das Weibchen meist nur zwei Eier; ist dagegen Beute im Überfluss vorhanden, enthalten die Gelege bis zu sieben Eier. Nach dem Schlüpfen der Jungen ist das Männchen für deren Ernährung zuständig. Ihr Überleben hängt von seiner Fähigkeit ab, ausreichend Futter heranzutragen. Zehn Tage nach dem Schlüpfen wird der zarte Flaum der Jungbussarde durch einen dickeren ersetzt, der sie besser gegen die arktische Kälte schützt.

KRÄFTIG GEBAUT

Linke Seite: Der auch Kordillerenadler genannte Agula *(Geranoaetus melanoleucus)* ist sehr eng mit den Arten aus der Gattung *Buteo* verwandt. Den Namen „Kordillerenadler" erhielt dieser Vogel nicht etwa wegen einer verwandtschaftlichen Verbindung zu den Adlern, sondern aufgrund seiner beträchtlichen Größe. Der Agula ist wesentlich größer und stämmiger als alle seine Bussardverwandten.

LANGSTRECKENFLIEGER

Oben: Präriebussarde *(Buteo swainsonii)* ernähren sich in der Regel von großen Insekten und Wirbellosen. Ihre lange Wanderung zwischen den Brutplätzen in Nordamerika und den Winterquartieren in der argentinischen Pampa dauert bis zu zwei Monate. Da sie vorwiegend im Kraft sparenden Gleitflug ziehen, benötigen sie auf dem Zug keine Nahrung und verlieren nur ein Drittel ihres Gewichts.

AUFBRUCH NACH OSTEN

Oben: Den Rotschulterbussard *(Buteo lineatus)* trifft man weit verbreitet in den Oststaaten der USA an. Im Westen Nordamerikas besiedelten die Vögel früher nur die Küstenregionen von Oregon bis Mexiko. Seit den frühen 1990er-Jahren jedoch dehnen sie ihr westliches Verbreitungsgebiet stetig nach Osten aus und brüten mittlerweile auch schon in einigen Gebieten im zentralen Arizona.

GAUKELNDER FLUG

Rechts: Aufgrund des kurzen Schwanzes und der großen Spannweite, die etwa der dreifachen Körperlänge entspricht, schwankt der afrikanische Felsenbussard *(Buteo rufofuscus)* ähnlich wie der Gaukler im Flug leicht umher. Mit seinen großen, breiten Flügeln gleitet er mühelos in der Thermik, um plötzlich ein am Boden gesichtetes Beutetier nach einem rasanten Sturzflug anzugreifen.

RÜTTELFLUG IN DER LUFT

Rotrückenbussarde *(Buteo polyosoma)* halten überwiegend aus der Luft Ausschau nach Beute, insbesondere nach Meerschweinchen. Wenn sie im Wind stehen, gelingt es ihnen, ihre Position mit nur wenigen Flügelschlägen zu halten. Entdecken sie am Boden nichts Interessantes, legen sie eine kurze Strecke im Gleitflug zurück und „stehen“ oder rütteln an anderer Stelle im Wind. Sobald sie ein geeignetes Ziel ausmachen, stoßen sie direkt auf das Opfer nieder.

FEUCHTGEBIETE BEVORZUGT

Oben: Rotschulterbussarde *(Buteo lineatus)* besiedeln feuchte Laubwälder, meist in der Nähe von Gewässern und Sümpfen. Von einer Baumkrone aus beobachten sie die Umgebung, und sobald sie ein geeignetes Beutetier bemerken, fliegen sie im Sturzflug zu Boden. Sie ernähren sich von Reptilien, Amphibien und kleinen Säugern. Gelegentlich verzehren sie auch Fische, Krebse und kleine Vögel.

KEIN PANZERKNACKER

Rechts: Selbst dem Galapagosbussard *(Buteo galapagoensis)* mit seinen kräftigen Zehen und Krallen gelingt es nicht, den Panzer erwachsener Riesenschildkröten zu durchbrechen. Diese Bussarde sind auf den Galapagosinseln vor der Westküste Ecuadors heimisch. Ihr Nahrungsspektrum umfasst Tausendfüßler, Heuschrecken, frisch geschlüpfte Schildkröten und junge Leguane.

GRÖSSERE UNTERART

Rechts: Der Wüstenbussard *(Parabuteo unicinctus)* kommt in großen Teilen Südamerikas – mit Ausnahme des äußersten Südens und des amazonischen Regenwalds – sowie in Mittelamerika und in Teilen der südlichsten Bundesstaaten der USA vor. Das Foto zeigt die Unterart *Parabuteo unicinctus harrisi*. Sie ist etwas größer als die anderen Unterarten, besitzt einen kürzeren Schwanz und besiedelt die USA sowie Mexiko.

„WOLF DER LÜFTE"

Unten: Der gelegentlich auch als „Wolf der Lüfte" bezeichnete Wüstenbussard ist der einzige Greifvogel, der gemeinschaftlich mit Artgenossen jagt. Dieser Verband besteht gewöhnlich aus den Altvögeln und ihrem Nachwuchs. Gemeinsam setzen die Vögel vielfältige und ausgefeilte Techniken ein, um ihre Beute zu überraschen oder müde zu machen.

DREIECKSBEZIEHUNG

Rechte Seite: Wüstenbussardweibchen verpaaren sich häufig mit zwei Partnern. Zwar kommt es vor, dass dann nur ein Männchen das Weibchen begattet, meist paaren sich aber beide mit ihm. An der Aufzucht der Nestlinge sind immer beide Männchen beteiligt. Ein Weibchen mit zwei Männchen kann gewöhnlich mehr Junge aufziehen als zwei Weibchen mit jeweils einem Partner.

SOMMERURLAUB

Rotmilane *(Milvus milvus)* trifft man in weiten Teilen des europäischen Kontinents zwischen der Südspitze Schwedens und dem Süden Italiens und Spaniens an. Diejenigen Vögel, die sich weiter im Norden aufhalten, wandern im Winter nach Süden, die anderen bleiben gewöhnlich in den Brutgebieten. Junge Rotmilane verbringen ihren ersten Sommer meist in wärmeren Regionen und ziehen erst im zweiten Lebensjahr in das Gebiet, in dem sie aus dem Ei geschlüpft sind. Hier bringen auch sie ihren Nachwuchs zur Welt.

ERFOLGREICHES COMEBACK

Im späten 18. Jahrhundert war der Rotmilan in England vollständig ausgerottet, in Wales hatten nur einige wenige Exemplare überlebt. Ab dem späten 19. Jahrhundert schützte eine Gruppe engagierter Großgrundbesitzer inoffiziell diesen Greifvogel. Der so erhaltene Bestand wurde mithilfe von aus Spanien und Schweden eingeführten Rotmilanen erfolgreich vergrößert. Das Brutgeschäft und die Pflege der Nestlinge sind überwiegend Aufgabe des Weibchens, das das Nest aber zwischendurch verlässt, um zu jagen. In seiner Abwesenheit bebrütet das Männchen die Eier oder versorgt die Jungen.

AM RAND VOM WALDBRAND

Häufig kann man in Küstennähe oder an Flussmündungen Schwarzmilane *(Milvus migrans)* beobachten, die Fischerbooten folgen. Obwohl sie sich überwiegend von über Bord geworfenen Fischabfällen ernähren, fangen sie gelegentlich auch nahe der Oberfläche schwimmende Fische. Im Binnenland versammeln sich die Schwarzmilane im nahen Umkreis von Waldbränden und stürzen sich auf alle kleinen Tiere, die den Flammen zu entkommen suchen.

AFRIKANISCHE UNTERART

Oben: Derzeit wird der in Afrika heimische Schmarotzermilan *(Milvus migrans parasitus)* als Unterart des Schwarzmilans angesehen. Er besitzt einen gelben Schnabel, keinen dunklen wie der Schwarzmilan, und ist etwas zierlicher gebaut. Auch weist sein Gefieder eine weniger intensive Streifenfärbung auf als die in Europa, Asien und Australien lebenden Milane. Ornithologen überlegen bereits, den Schmarotzermilan als eigene Art zu führen.

NÄCHTLICHE FISCHZÜGE

Rechts: Als typischer Besiedler der Küstenregionen Indiens, Südostasiens und Australiens wird der Brahminenweih *(Haliastur indus)* nur gelegentlich im Binnenland in der Nähe von Flüssen, Seen und Sümpfen angetroffen. Die Vögel suchen meist im Müll nach Nahrung, erbeuten aber auch nahe der Gewässeroberfläche schwimmende Fische. In Australien konnte man bereits beobachten, wie sie nachts im Schein der Hafenbeleuchtung Fische fingen.

KUCKUCKSÄHNLICH

Oben: Der in Nord- und Ostaustralien lebende Papuaweih *(Aviceda subcristata)* erinnert mit seinem gebänderten Gefieder, den kurzen Beinen und den stechenden Augen an einen Kuckuck. Er besiedelt hauptsächlich Wälder oder lichtes Waldland.

TYPISCHE PFEIFKONZERTE

Rechte Seite: Der Keilschwanzweih *(Haliastur sphenurus)* stößt tagsüber auf seinem Ansitz und im Flug einen charakteristischen pfeifenden Ruf aus. Wie andere Weihe ernährt auch er sich überwiegend von Aas. Eine Ausnahme stellen die in Westaustralien lebenden Populationen dar, die eine räuberische Lebensweise bevorzugen und hier von allen auf dem Kontinent vorkommenden Greifvögeln als wichtigste Fressfeinde der Kaninchen gelten.

JAGD AM BODEN

Wespenbussarde suchen am Boden nach kleinen Säugetieren, Käfern und Beeren. Dabei legen sie Strecken von bis zu 800 Metern zurück. Die großen Greifvögel unterscheiden sich von Mäusebussarden durch die beiden dunklen Bänder an der Schwanzbasis. Außerdem sind die Flügel des Wespenbussards länger und schmaler als die des Mäusebussards, und sein längerer Hals betont den taubenähnlichen Kopf.

NAHE AN FLÜSSEN UND KÜSTEN

Links: Das bedeutendste Verbreitungsgebiet der Rohrweihe *(Circus aeruginosus)* erstreckt sich von Europa über Russland bis nach Japan. Die in kälteren Zonen lebenden Populationen überwintern in Afrika, Indien und Südostasien. Auf dem Zug in ihre Winterquartiere vermeiden sie es, trockene Regionen zu überfliegen. Viel eher folgen sie so weit wie möglich dem Verlauf von Küsten und Flusstälern.

GETEILTES REVIER

Oben: Rohrweihen teilen sich ihr Revier oft mit Sumpfohreulen. Sie selbst jagen am Tag, die Eulen nachts. Wenn die Rohrweihe im niedrigen Suchflug ihr Revier durchstreift, hilft ihr der Gesichtsschleier, die in der Vegetation versteckten kleinen Säugetiere und Frösche anhand von Geräuschen zu lokalisieren. Die beträchtliche Größe der Weihe lässt ihren Flug langsam erscheinen; tatsächlich erreicht der Vogel bei der Beutejagd Geschwindigkeiten von 55 km/h.

AUFGABEN DER WEIBCHEN

Das Weibchen der Rohrweihe ist für den Nestbau, das Brüten und das Füttern der Jungen zuständig. Wenn das Männchen Futter zum Nest bringt, ruft es das Weibchen, das sofort auffliegt und in akrobatischem Flug die Beute auffängt, die sein Partner fallen lässt. Normalerweise besteht ein Gelege aus fünf Eiern; unter den Geschwistern herrscht kaum Rivalität. Wenn allerdings eines stirbt fressen die anderen den Kadaver auf.

IMMER DEM WASSER NACH

Oben: Bis vor kurzem galt die Sumpfweihe *(Circus approximans)* als Unterart der Rohrweihe. Sie kommt in ganz Australien sowie auf Neuseeland und einigen Inseln des Pazifiks vor. Zu ihren bevorzugten Lebensräumen zählen Sümpfe, mit Schilf bewachsene Seen und Feuchtgebiete. Inzwischen sind Sumpfweihen jedoch auch verstärkt in den Wüstenregionen Australiens anzutreffen, in denen Brunnen angelegt wurden.

LUFTIGE KINDERSTUBE

Rechts: Die Fleckenweihe *(Circus assimilis)* ist die einzige Weihe, die ihr Nest in Bäumen baut. Die Fortpflanzungszeit der überwiegend in Australien heimischen Vögel fällt auf die Monate Juli bis Dezember. In sehr trockenen Gebieten brütet diese Art zu den unterschiedlichsten Zeiten – je nachdem, wann es regnet und wann Nahrung verfügbar ist.

HOHE KÜKENSTERBLICHKEIT

Links: Das Weibchen der Kornweihe *(Circus cyaneus)* legt gewöhnlich mit je zwei Tagen Abstand vier bis sechs Eier, sodass es für ein großes Gelege bis zu zwei Wochen braucht. Das Ausbrüten des gesamten Geleges dauert rund 40 Tage, doch kommt es auch vor, dass das Weibchen bis zu neun Wochen lang auf unbefruchteten Eiern sitzt. Häufig schlüpfen nur aus der Hälfte der Eier Küken, und auch die Sterblichkeitsrate unter den Nestlingen ist hoch. Nicht selten werden nur ein oder zwei Junge aus einem großen Gelege flügge.

TEMPOWECHSEL IM FLUG

Oben: Kornweihen jagen überwiegend kleine oder junge Vögel, Nager sowie andere Kleinsäuger. Meist überfliegen sie täglich dasselbe Gebiet. Wenn sie nach Vögeln Ausschau halten, fliegen sie höher und schneller, als wenn sie es auf Nager oder andere Säuger abgesehen haben. Dann bewegen sie sich bevorzugt im niedrigen, langsamen Suchflug fort.

FEIND IM ANFLUG

Links: Die Steppenweihe *(Circus macrourus)* ist bei der Nahrungssuche auf kleine Säugetiere und Vögel sowie Insekten spezialisiert. Die größeren und kräftigeren Weibchen greifen mitunter auch größere Vögel an, wie etwa Enten und Hühnervögel. Anders als die übrigen Weihen, die ihre Beute am Boden fangen, scheuchen Steppenweihen Vögel häufig an ihrem Ruheplatz auf und zwingen sie aufzufliegen. Dann schlagen sie sie in der Luft.

SCHMETTERLINGSARTIGER FLUG

Oben: Die Afrikanische Höhlenweihe *(Polyboroides typus)* ist für ihre Größe erstaunlich leicht – sie wiegt nur rund 750 Gramm – und besitzt lange, breite Flügel. Daher schwankt sie im niedrigen, langsamen Ruderflug schmetterlingsartig hin und her. Im Gleitflug in großer Höhe wirkt sie mit ihren weit ausgebreiteten Flügeln dagegen sehr anmutig.

BIEGSAME FUSSGELENKE

Sowohl die Afrikanische als auch die Madagaskar-Höhlenweihe haben an den Beinen sehr bewegliche Gelenke, die es ihnen ermöglichen, selbst in tieferen Baumhöhlen nach Eiern und Nestlingen zu angeln. Die Madagaskar-Höhlenweihe *(Polyboroides radiatus)* verbringt allerdings mit der Futtersuche am Boden mehr Zeit als ihre Verwandte vom afrikanischen Festland. Dabei dreht sie sogar Steine um, unter denen sich Käfer und Insektenlarven verbergen.

ERFOLGREICHER JÄGER

Habichte *(Accipiter gentilis)* jagen gelegentlich größere Vögel wie Fasane und Waldhühner, schlagen aber meist kleinere Vögel wie Drosseln, Stare und Tauben. Eine Ringeltaube genügt einem Habicht als Tagesration. Leider stellt man den Habichten in manchen Gegenden immer noch nach, weil man sie als Gefahr für den Federwildbestand betrachtet.

AUF DER LAUER

Unten: Außer Vögel jagen Habichte auch bis zu eichhörnchengroße Säugetiere. Hauptsächlich warten sie auf einem Ansitz am Waldrand darauf, dass sich Beute zeigt. Diese verfolgen sie dann bis zu 500 Meter weit.

RUPFPOSTEN DES SPERBERS

Rechte Seite: Sperber *(Accipiter nisus)* fangen meist kleine Vögel in der Luft, indem sie sie völlig überraschend angreifen. Anschließend fliegen sie zu ihrem bevorzugten Ansitz, um die Beute zu rupfen und zu fressen. Stellen im Wald, an denen verstreute Federn und andere Überreste liegen, weisen auf die Anwesenheit eines Sperbers hin.

LEICHTE BEUTE

Oben: Sperber haben gelernt, Futterhäuschen für die Winterfütterung von Singvögeln als eine Art „Fastfood-restaurant" zu betrachten. In Gartenhecken versteckt, warten sie auf die hungrigen Vögel und stoßen dann blitzschnell zu. Oft konzentrieren sie sich dabei so stark auf ihre Beute, dass sie beim Angriff gegen Fenster oder Glastüren fliegen.

RECYCLING

Rechts: Sperber bauen gewöhnlich jedes Jahr ein neues Nest. Häufig nehmen sie ein altes auseinander, um das Baumaterial wieder zu verwerten. Sie nisten auf Bäumen in 3 bis 30 Meter Höhe. Während das Weibchen die Eier bebrütet und sich um die Nestlinge kümmert, jagt das Männchen in einiger Entfernung vom Nest. Deshalb können sogar potenzielle Beutevögel ihren Nachwuchs unbehelligt in ihrer Nähe aufziehen.

FURCHTLOS IN MENSCHENNÄHE

Links: Der Gabarhabicht *(Micronisius gabar)* ist ein enger Verwandter der Eigentlichen Habichte und wird häufiger für einen Sperber gehalten, denn als Habicht erkannt. Der bisher überwiegend in Savannen und lichten Akazienwäldern heimische Gabarhabicht erobert allmählich auch dichter besiedelte Gebiete. Die kleinen verwegenen Tiere fürchten den Menschen kaum und wagen sich häufig in seine Nähe, um all jene Vögel zu jagen, die der Mensch aufscheucht.

AUF UNTERSCHIEDLICHE BEUTE SPEZIALISIERT

Oben: Schopfhabichte *(Accipiter trivirgatus)* zählen mit 30 bis 46 Zentimeter Körperlänge zu den größten Vertretern der Eigentlichen Habichte. Sie besiedeln die Waldgebiete Südostasiens und ernähren sich von Vögeln, Eidechsen und Säugern. Als Nahrungsopportunisten spezialisieren sie sich auf die Beute, die reichlich in ihrem Jagdrevier vorhanden ist. Auf Borneo zum Beispiel schlagen die in der Nähe von Höhlen lebenden Schopfhabichte vor allem Fledermäuse.

LAUTE NACHBARN

Linke Seite: Schikras *(Accipiter badius)* sind die lärmendsten Vertreter der Habichte; sie stoßen eine fortgesetzte Reihe lauter Rufe aus. Während der Fortpflanzungszeit werden diese Vögel sogar noch geräuschvoller. Sie ernähren sich überwiegend von Eidechsen und Insekten.

ANSCHLEICHEN UND ZUSCHLAGEN

Oben: Der Bänderhabicht *(Accipiter fasciatus)* verhält sich bei der Jagd sehr umsichtig. Häufig nähert er sich seiner Beute etappenweise und verborgen in der dichten Vegetation an, um dann plötzlich auf sie niederzustoßen. In den südlichen Regionen Australiens konzentrieren sich diese Greifvögel auf Kaninchen, in anderen Gegenden eher auf Reptilien, Amphibien und Vögel, die so groß wie junge Reiher sein können.

MELODISCHE STIMME

Der Weißbürzel-Singhabicht *(Melierax poliopterus,* oben) ist fast überall in Süd- und Südwestafrika anzutreffen, während der Graubürzel-Singhabicht *(Melierax metabates,* links) in großen Teilen des übrigen Afrikas südlich der Sahara vorkommt. Das Jahr über verhalten sich beide Arten relativ schweigsam, doch zu Beginn der Paarungszeit suchen sich die Männchen einen hohen, gut einsehbaren Ansitz, von dem aus sie stundenlang melodische Rufe ertönen lassen.

ALLES IM BLICK

Linke Seite: Anders als viele nahe verwandten Arten greifen die Rundschwanzsperber *(Accipiter cooperii)* ihre Beute nicht nur von Verstecken, sondern auch von exponierten Ansitzen aus an. Mancherorts beobachtet man sogar, dass sie sich regelrecht anschleichen und die Beute am Boden schlagen.

DER ZWERG UNTER DEN HABICHTEN

Oben: Der Eckschwanzsperber *(Accipiter striatus)* ist mit 23 bis 36 Zentimeter Körperlänge der kleinste Vertreter der Habichte in den USA. Diese Vögel brüten hoch im Norden, darunter auch in Alaska, und ziehen alljährlich entlang derselben Routen nach Süden. Eckschwanzsperber aus dem Gebiet von Hawk Mountain, Pennsylvania, haben von allen Arten die längste Migrationsperiode: Sie beginnt Mitte August und dauert bis Ende Oktober oder sogar noch länger.

VERSCHIEDENE LEBENSRÄUME – ÄHNLICHE VORLIEBEN

Der Sperberbussard *(Kaupifalco monogrammicus*, links) und der Schneebussard *(Leucopternis albicollis*, oben) leben zwar auf verschiedenen Kontinenten, nehmen dort aber ähnliche Nischen ein. Der Sperberbussard besiedelt Afrika südlich der Sahara, während sich das Verbreitungsgebiet des Schneebussards von Mittelamerika bis ins mittlere Südamerika hinein erstreckt. Beide Arten kommen im Waldland vor und jagen lieber auf Lichtungen als in dichten Wäldern. Bevorzugte Beute beider Greifvogelarten sind Reptilien wie Schlangen, auf die sie vorzugsweise von Ansitzen aus niederstoßen.

FALKEN

Als schnellste Flieger unter den Greifvögeln gelten die Falken. Den Rekord hält der Wanderfalke, dessen Sturzfluggeschwindigkeit einmal mit 389 Kilometern pro Stunde gemessen wurde – die höchste jemals im Tierreich erzielte Geschwindigkeit.

Lässt man die Karakaras oder Geierfalken außer Acht, gibt es heute 54 bekannte Falkenarten. 39 davon gelten als Eigentliche Falken (Gattung *Falco),* die restlichen Arten umfassen Zwerg-, Wald- und Lachfalken.

Das kleinste Mitglied der Falkenfamilie ist das in Indonesien und Malaysia heimische, sperlingsgroße und bis zu 55 Gramm schwere Finkenfälkchen. Der größte Vertreter, der Gerfalke, brütet in arktischen Regionen nördlich des Polarkreises. Den Winter verbringt er in Gebieten an der kanadisch-amerikanischen Grenze bzw. in Südskandinavien. Weibliche Gerfalken werden bis zu zwei Kilogramm schwer.

Das Wort „Falke" ist vom lateinischen Begriff *falcatus* abgeleitet, das „sichelförmig gekrümmt" bedeutet und sich auf die Form der Flügel bezieht. Diese schmalen Flügel ermöglichen den Falken den rasanten Flug.

Ein weiteres typisches Merkmal der Vogelfamilie ist der Falkenzahn am Oberschnabel, dem eine Einkerbung im Unterschnabel entspricht. Er kommt zum Einsatz, wenn die Beute nicht schon durch den bloßen Angriff stirbt, sondern anschließend durch einen Biss in den Nacken und die Durchtrennung der Halswirbel getötet wird.

WIDERSTANDSFÄHIG

Der Wanderfalke *(Falco peregrinus)* ist der am weitesten verbreitete Falke. Er kommt weltweit vor und erträgt sowohl die bittere Kälte in arktischen Regionen als auch die schwüle Hitze der Tropen.

VORANGEHENDE SEITEN

Seite 146: Der Buntfalke *(Falco sparverius)* ist an den zwei Bartstreifen pro Seite leicht zu erkennen.
Seite 147: Mithilfe eines am Schwanz befestigten Miniatur-Geschwindigkeitsmessers konnte man beim Wanderfalken eine Sturzfluggeschwindigkeit von 389 km/h ermitteln. Damit ist er das schnellste aller Tiere.

Bei den meisten Falken verläuft ein dunkler Streifen von den Augen zur Kehle hinab. Dieser so genannte Bartstreif trägt dazu bei, dass die Vögel bei der Jagd weniger stark von hellem Licht geblendet werden.

Anders als viele andere Greifvögel fressen Falken nur selten Aas; sie ziehen frisch geschlagene Beute vor. Beim Jagen verlassen sie sich sowohl auf ihre Geschwindigkeit als auch auf die Wendigkeit und erbeuten vor allem kleinere Vögel. Viele Arten verfügen über eine verlängerte mittlere Zehe, die sie einsetzen, um ihre Beute in der Luft zu packen.

Falken wenden ganz unterschiedliche Jagdtechniken an. Turmfalken etwa rütteln häufig in der Luft über einem bestimmten Punkt und stoßen dann auf ihre Beute nieder. Oder sie führen einen gezielten Suchflug in geringer Höhe durch und steigen im letzten Moment auf, um sich von oben auf das Opfer zu stürzen. Die Jagdtechnik, bei der der Falke aus großer Höhe zum schnellen Sturzflug auf die Beute ansetzt, wird häufig als typischste Jagdmethode betrachtet. Etliche Falken nutzen die Aufwinde, um eine gewisse Höhe zu erreichen, und halten dann im Gleitflug nach Beute Ausschau. Sobald sie etwas entdeckt haben, gehen sie in den Sturzflug über. Dabei legen sie ihre Flügel an, um das Tempo zu erhöhen. In letzter Sekunde ändern sie den Kurs und schlagen die Beute mit hoher Geschwindigkeit und gewöhnlich von hinten. Manche

KRAFTVOLLER RÜTTELFLUG

Links: Der Turmfalke *(Falco tinnunculus)* beherrscht als einziger Greifvogel den echten Rüttelflug: Selbst bei Windstille kann er durch Schlagen der Flügel seine Position halten. Er zieht es allerdings meist vor, im Wind zu „stehen", indem er sich mit dem im richtigen Winkel abgestellten Schwanz gegen den Wind lehnt und Flügelschlag nur sparsam einsetzt, um am gleichen Punkt zu bleiben.

AUFSCHLUSSREICHE FÄHRTE

Unten: Wenn Wühlmäuse auf Futtersuche gehen, markieren sie ihre Fährte mit Urin, der ultraviolette Strahlen stark reflektiert. Da für Turmfalken auch der ultraviolette Bereich des Spektrums sichtbar ist, können sie den Weg der Wühlmaus mit bloßem Auge nachverfolgen.

Falken nähern sich ihrem Zielobjekt mit angezogenen Beinen, um es blitzschnell zu packen, sobald sie nahe genug sind. Andere fliegen die Beute mit ausgestreckten Beinen an und greifen so zu, dass sich die Krallen der hinteren Zehen in deren Körper bohren. Kleinere Tiere werden auf diese Weise geköpft. Bei all den unterschiedlichen Jagdmethoden können Falken die Beute innerhalb von Sekundenbruchteilen mit ihren verlängerten Zehen packen. Gelingt es ihnen nicht sofort, einen Vogel zu töten, treiben sie ihn häufig dem Boden zu, fangen ihn, noch bevor er landen kann, und töten ihn mit einem Schnabelhieb in den Nacken.

Die kleinsten Mitglieder der Falkenfamilie, die Zwergfalken, kommen in Teilen Afrikas, Indiens, Chinas und dem indonesisch-malaysischen Raum vor. Sie besitzen sowohl den Falkenzahn als auch die verlängerten Zehen, die für die Eigentlichen Falken typisch sind; allerdings ernähren sie sich von sehr viel kleineren Tieren: Neben Vögeln stehen vor allem Insekten, darunter Schmetterlinge und Libellen, auf dem Speiseplan. Gelegentlich fangen sie auch kleine Reptilien und Säugetiere. Ihre Beute jagen sie hauptsächlich von Ansitzwarten aus.

Die in Südamerika lebenden Falken – Waldfalken und Lachfalken – lassen sich kaum als typische Vertreter ihrer Familie betrachten. Bei diesen Waldbewohnern sind die Flügel immer und die Zehen meist kürzer

MIT TÖDLICHER GESCHWINDIGKEIT

Wanderfalken *(Falco peregrinus)*, die ihre Beute vorwiegend in der Luft töten, schlagen auch Tiere, die doppelt so schwer sind wie sie selbst. Häufig sterben die Opfer durch die schiere Wucht, mit der sie gepackt werden. Hier verteidigt ein Wanderfalke einen soeben geschlagenen Fasan.

als bei den Eigentlichen Falken, und der Falkenzahn fehlt. Diese äußerlichen Unterschiede spiegeln Abweichungen in der Ernährung wider. Ähnlich wie viele Eulen und manche Weihen besitzen Waldfalken einen Gesichtsschleier, was darauf hinweist, dass sie in stärkerem Maße als die Eigentlichen Falken ihre Beute mithilfe des Gehörs lokalisieren.

Waldfalken ernähren sich auf vielfältige Weise von Tieren, die in den Wäldern verbreitet sind, darunter Eidechsen, Käfer und andere Insekten, Frösche, kleine Vögel und Krebstiere. Die Falken jagen am Boden und vom Ansitz aus. Von zwei Arten, dem Graurückenwaldfalken und dem Kappenwaldfalken, nimmt man an, dass sie einen speziellen Ruf anwenden, der schwer zu lokalisieren ist, aber kleine Vögel zum Antworten reizt. Diese Reaktion ermöglicht den Falken, den Standort ihrer Beute mühelos auszumachen.

Lachfalken leben überwiegend von ungiftigen und giftigen Schlangen, die sie von einem Ansitz aus jagen. Kriecht eine Schlange vorbei, fliegen sie zum Boden, packen sie mit den Krallen im Nacken und beißen ihr den Kopf ab. Anschließend bringen sie die Schlange zurück zu ihrer Warte und verzehren sie in aller Ruhe. Kleinere Beute wird im Schnabel, größere und schwerere dagegen mit den Füßen transportiert.

Falken bauen ihre Nester so gut wie nie selbst, sondern übernehmen meist die verlassenen Nester anderer Vögel. Die Weibchen mancher Arten legen ihre Eier auf Felsvorsprünge, andere suchen sich dafür

EINE FRAGE DES TIMINGS

Die meisten Falken schlagen ihre Beute von hinten, nur der Lannerfalke *(Falco biarmicus)* greift seine Opfer in der Regel von vorne an. Da sich die Anfluggeschwindigkeit dadurch stark erhöht, erfordert das Töten des Tieres vom Lannerfalken eine außerordentliche Geschicklichkeit und ein sehr präzises Timing.

LUFTIGER NISTPLATZ

Wanderfalken nisten bevorzugt an steilen Klippen. Mitunter suchen sie sich nur einen Felsvorsprung, doch übernehmen sie auch gerne das verlassene Nest eines anderen Vogels. In Großstädten lassen sie sich auf den Balkons von Hochhäusern und auf dem Gesims von Kirchen nieder. Gelegentlich brüten sie in Spalten, die sich in hohen Kaminen gebildet haben.

Baumhöhlen. Die in besiedelten Gebieten lebenden Falken brüten auch auf Gebäuden. Gerade in den letzten Jahren wurde immer wieder von Wanderfalken berichtet, die ihren Nachwuchs auf Wolkenkratzern aufzogen. In Großbritannien und auf dem europäischen Kontinent jagen Turmfalken häufig entlang der Rand- und Mittelstreifen von Autobahnen. Sie brüten auch in unmittelbarer Autobahnnähe, mitunter sogar auf Verkehrsschildern. Da diese Vögel beispielsweise in Großbritannien geschützt sind, brachte ein Turmfalkenpaar die Reparaturarbeiten an einer Hauptverkehrsstraße mehrere Monate lang zum Stillstand, weil es unter einer Autobahnbrücke brütete.

Das durchschnittliche Gelege besteht aus drei bis fünf Eiern, kann aber auch nur ein einziges Ei und bei manchen Arten wiederum bis zu neun Eier umfassen. Normalerweise legt das Weibchen sie im zwei- bis dreitägigen Abstand und bebrütet sie selbst. Bis zum Schlüpfen können vier bis fünf Wochen vergehen. Weitere vier bis acht Wochen später werden die Jungen flügge.

Während manche Jungfalken noch einige Wochen auf die Eltern angewiesen sind, obwohl sie schon fliegen können, dauert diese Phase der Abhängigkeit bei anderen, zum Beispiel dem Rötelfalken, nur rund eine Woche. Einmal wurde sogar eine vollkommene Selbstständigkeit nach nur zwei Tagen beobachtet. Ganz anders verhält es sich beim Nachwuchs des Seychellenfalken, der – obwohl schon flügge – mitunter noch weitere sechs Monate nur dank der Unterstützung der Altvögel überleben kann.

Sobald sie ohne Hilfe auskommen, halten sich die meisten jungen Falken noch ungefähr einen Monat lang in der Nähe ihres Nestes auf. Es gibt jedoch auch einige, wie die jungen Wüstenfalken, die acht Wochen nach dem Schlüpfen bereits selbstständig sind, aber noch einige Monate mit den Eltern zusammenbleiben. In dieser Phase ihres Lebens bilden Jungfalken nicht selten gemeinsam mit gleichaltrigen Artgenossen „Jugendjagdverbände".

Bei Arten, die ihre Beute vor allem nach dem Sturzflug töten, lassen sich die Altvögel oft von ihrem Nachwuchs auf die Jagd begleiten. Wenn sie ein kleines Tier gefangen haben, fliegen sie über den Jungvogel und lassen die Beute fallen, damit er die Jagdtechnik üben kann.

IN DER JAGDSCHULE

In den ersten Lebenswochen sind junge Wanderfalken vollkommen von den Eltern abhängig. Gewöhnlich jagt das Männchen, während das Weibchen die Beute an die Nestlinge verteilt. Wenn die Küken größer werden, müssen oft beide Partner ausfliegen, um ausreichend Futter heranzuschaffen. Flügge werden die Jungen mit fünf bis sechs Wochen. Dann machen sich die Eltern daran, ihnen das Jagen beizubringen.

JÄGER DER ARKTIS

Linke Seite: Größter Vertreter der Falkenfamilie ist der Gerfalke *(Falco rusticolus)*. Er besitzt eine Körperlänge von 50 bis 63 Zentimetern und eine Spannweite von bis zu 132 Zentimetern. Die Vögel verbringen den Sommer in arktischen Regionen, wo sie brüten. Im Winter sind sie nur selten südlich der kanadisch-amerikanischen Grenze bzw. südlich Südskandinaviens anzutreffen. Das besonders an Bauch und Oberschenkeln sehr üppige Gefieder lässt sie stämmiger erscheinen, als sie tatsächlich sind.

FARBENFROHES JUGENDKLEID

Oben: Erwachsene Gerfalken sind meist grau, doch reicht die Bandbreite von einer fast rein weißen Brust mit dunklen Flecken bis hin zu einer vollständig schwärzlich braunen Färbung mit weißen Tupfen. Jungvögel sind im ersten Lebensjahr markant gezeichnet und prägen erst nach zwei Mausern das Erwachsenenkleid aus.

SCHWIERIGE JAGDBEDINGUNGEN

Da das Nahrungsangebot in der Arktis beschränkt ist, müssen Gerfalken mit dem vorlieb nehmen, was sie vor Ort finden. In manchen Gegenden ernähren sie sich überwiegend von Vögeln, die kleiner als Spatzen, aber auch so groß wie Gänse und Auerhähne sein können. In anderen Gebieten wiederum leben sie in erster Linie von Säugetieren wie Wühlmäusen, Hasen und Lemmingen. Bisweilen fliegen sie kilometerweit in Bodennähe, um ein schnell laufendes Beutetier zu erwischen.

VON HOHER WARTE AUS

Oben und rechts: Der Würgfalke *(Falco cherrug)* jagt kleine bis mittelgroße Säugetiere wie Hamster, Wüstenspringmäuse und Hasen. Sobald er die Beute von seinem Ansitz aus erblickt, fliegt er einen Überraschungsangriff. Kleinere Tiere reißt er mit sich hoch und verspeist sie in der Luft.

BESTENS AUSGESTATTET

Rechte Seite: Die dunklen Federn unter den Augen des Würgfalken bilden den Bartstreif, der die Reflexion des Lichts ins Auge vermindert und dadurch ein besseres Sehen ermöglicht. Dämpfer in den Nasenlöchern gleichen die bei Sturzflügen auftretenden Luftdruckunterschiede aus, sodass der Vogel auch bei rasanten Flugmanövern gleichmäßig atmen kann.

ANGEPASSTES FLUGTEMPO

Oben: Lannerfalken *(Falco biarmicus)* verfolgen nicht nur Vögel in der Luft, sondern setzen auch gemächlichere, an Habichte erinnernde Flugtechniken ein. So können sie auch langsamer fliegende Beute, wie etwa große Insekten, fangen.

AUSSCHAU VOM LIEBLINGSPLATZ AUS

Rechte Seite: Viele Lannerfalken bevorzugen bestimmte Ansitze wie etwa Felsen, von denen aus sie jagen. Sie verbringen viel Zeit damit, in der Nähe eines solchen Lieblingsplatzes zu kreisen oder von diesem Ausguck aus die Umgebung zu beobachten.

GESCHICKTER INSEKTENFÄNGER

Oben: Mit 14 bis 18 Zentimeter Körperlänge sind die Zwergfalken die kleinsten Vertreter der Falkenfamilie. Rotkehlfälkchen *(Microhierax caerulescens)* leben in lichten Wäldern oder an Waldrändern, wo sie überwiegend Insekten wie Schmetterlinge und Libellen jagen. Sie warten auf einem Ansitz auf vorbeikommende Beute, die sie in der Luft packen und zu ihrem Stammplatz bringen. Dort verzehren sie sie in aller Ruhe.

JAGD JE NACH WETTERLAGE

Rechts: An sonnigen Tagen nutzen Wanderfalken *(Falco peregrinus)* warme Aufwinde, um größere Höhen zu erreichen und dort im Suchflug zu kreisen. Bei bedecktem Himmel und ausbleibender Thermik jagen sie von einem Ansitz aus. Hier warten sie auf zufällig vorbeikommende Beute.

SICHERES VERSTECK

Linke Seite: Hat ein Wanderfalke ein Tier erlegt, das so groß ist, dass er es nicht forttragen kann, läuft er Gefahr, es an Raubtiere oder andere Greifvögel zu verlieren. Daher hockt er sich mit ausgebreiteten Flügeln über seinen Fang, um ihn den Blicken der Nahrungskonkurrenten zu entziehen.

WEITE WANDERUNG

Oben: *Falco peregrinus cassini* ist die am weitesten südlich vorkommende Unterart des Wanderfalken und gleichzeitig diejenige, die am weitesten zieht. Man fand heraus, dass einzelne Tiere im Herbst von ihren Brutgebieten an der Südspitze Südamerikas oder auf den Falklandinseln zum Überwintern bis nach Kolumbien fliegen.

VOR DEM AUSSTERBEN BEWAHRT

Linke Seite: Der Mauritiusfalke *(Falco punctatus)* ist ein gutes Beispiel dafür, dass strikte Schutzmaßnahmen sehr wohl von Erfolg gekrönt sein können. Mitte der 1970er-Jahre lebten nur noch vier Vögel in freier Natur. Ein gut abgestimmtes Zucht- und Wiedereinführungsprogramm erhöhte die Zahl der wild lebenden Vögel innerhalb von 25 Jahren auf 800. Im Jahr 2000 galt diese Art nicht länger als vom Aussterben bedroht.

UNTERSCHIEDLICHE FÄRBUNGEN

Oben: Während Männchen und Weibchen sich bei vielen Greifvogelarten optisch nicht wesentlich unterscheiden, ist der Geschlechtsdimorphismus beim Graubartfalken *(Falco cenchroides)* ähnlich wie beim Turmfalken stark ausgeprägt. Die Männchen beider Arten besitzen graue Köpfe und Schwänze, die Weibchen dagegen sind einheitlich braun gefärbt. Junge Männchen ähneln bis nach der zweiten vollständigen Mauser den Weibchen.

BEWUSST ENERGIEN SPAREN

Weil der Rüttelflug sehr viel Energie kostet, ziehen es sowohl der Buntfalke (*Falco sparverius;* oben) als auch der Turmfalke (*Falco tinnunculus;* rechts) vor, von einem erhöhten Ansitz aus zu jagen, um von dort auf die Beute niederzustoßen. Beide Arten ernähren sich von kleinen Säugetieren und vielen anderen am Boden lebenden Tieren, darunter Käfern und anderen Insekten sowie Regenwürmern. Trotz seiner mit 19 bis 27 Zentimetern geringen Körperlänge zählt der Buntfalke zur Gruppe der Eigentlichen Falken, auch wenn er anders als diese kaum jemals Vögel in der Luft schlägt.

AUF SCHNELLEN SCHWINGEN

Links: Der Baumfalke *(Falco subbuteo)* fliegt nicht nur sehr wendig, sondern auch sehr schnell. Er zählt zu den wenigen Greifvögeln, die imstande sind, bei Fluggeschwindigkeiten von annähernd 160 km/h die kaum minder rasant fliegenden Mauersegler zu jagen.

IM KRÄHENNEST

Oben: Baumfalken überwintern in Afrika und ziehen im Frühjahr und Sommer nach Europa und Russland, um dort ihre Jungen aufzuziehen. Sie übernehmen verlassene Nester, deren vormalige Besitzer häufig Raben- oder Nebelkrähen waren.

GROSSE WEIBCHEN, KLEINE MÄNNCHEN

Bei fast allen Greifvogelarten sind die Weibchen größer und aggressiver als die Männchen. Auch der Merlin *(Falco columbarius)* bildet hier keine Ausnahme. Dieser Größenunterschied wird auch als umgekehrter Geschlechtsdimorphismus bezeichnet. Er erweist sich bei Falken ausgeprägter als bei allen anderen Greifvögeln. Falkenweibchen (linke Seite) können um mehr als ein Drittel größer sein als ihre männlichen Artgenossen (oben).

DER WÄRME ENTGEGEN

Linke Seite: Merline brüten in ganz Nordeuropa, Asien und Nordamerika. Die Jungvögel unternehmen ihre ersten Flugübungen meist im Alter von vier Wochen und verbessern ihre Fähigkeiten rasch. Sechs Wochen später brechen sie bereits zum langen Zug in ihre südlich gelegenen Winterquartiere auf.

JAGDAUSFLUG ZU FUSS

Rechts: Die Flügel des Zweibinden-Waldfalken *(Micrastur gilvicollis)* sind stärker gerundet als die der meisten anderen Falkenarten, bei denen sie spitz zulaufen. Rundere Flügel eignen sich besser für die Jagd im Wald, und tatsächlich scheint sich diese Falkenart in Wäldern viel wohler zu fühlen als in offenem Gelände. Abgesehen davon stellen die Falken häufiger zu Fuß kleinen Säugern nach, als in der Luft Vögel zu verfolgen.

IN DER DÄMMERUNG

Sowohl der Fledermausfalke *(Falco rufigularis;* rechts) als auch der Aplomado-Falke *(Falco femoralis;* unten) jagen bei Sonnenauf- und Sonnenuntergang. Beide Arten verzehren vorwiegend kleine Vögel, große Insekten und vereinzelt Fledermäuse. Die Beute wird meist in der Luft nach einem kurzen Verfolgungsflug geschlagen. Aplomado-Falken jagen häufiger als alle anderen Falkenarten gemeinschaftlich mit ihrem Partner.

LAUTSTARKE RUFE

Rechte Seite: Der Habichtfalke *(Falco berigora)* ist für seinen charakteristischen lauten Ruf bekannt. Dieser Bewohner Australiens, Tasmaniens, Neuguineas und der Dampier-Inseln hört sich mehr als jeder andere Greifvogel wie ein Papagei an. Gelegentlich wurde sein Schrei auch mit dem eines „verrückt gewordenen Huhns" verglichen. Habichtfalken ernähren sich von Insekten und Kleinsäugern bis zur Größe von Kaninchen. Gelegentlich erbeuten sie auch kleine Vögel, Eidechsen und Schlangen.

RUHIG GESTELLT

Ein Wanderfalke *(Falco peregrinus)* auf der Hand seines Falkners. Die meisten Fressfeinde der Falken sind nachtaktiv und lokalisieren die ruhenden Falken aufgrund von Geräuschen, die die Tiere unweigerlich von sich geben. Der Brauch der Falkner, ihrem Vogel eine lichtdichte Kapuze aufzusetzen, zielt auf das instinktive Verhalten der Falken ab, sich bei Dunkelheit möglichst still und ruhig zu verhalten, um potenzielle Feinde nicht auf sich aufmerksam zu machen. Wenn die Falken die Kapuze tragen, glauben sie, es sei Nacht.

GEIER

Geier werden häufig als „Gesundheitspolizei der Natur" bezeichnet, denn sie ernähren sich überwiegend von Aas. So vertilgen sie das Fleisch von Kadavern, bevor es verfault und zu einem Krankheitsrisiko für andere Tiere wird. Viele Geierarten verzehren auch Abfälle und sind daher oft in der Nähe menschlicher Ansiedlungen anzutreffen.

Man unterscheidet zwei Gruppen von Geiern, die in Nord- und Südamerika lebenden Neuweltgeier sowie die in Eurasien und Afrika heimischen Altweltgeier. Diese beide Gruppen liefern ein hervorragendes Beispiel fur die so genannte konvergente Evolution: Obwohl sie viele Gemeinsamkeiten aufweisen – darunter die Ernährung sowie die unbefiederten Köpfe und Hälse –, sind die Vertreter beider Gruppen nicht miteinander verwandt. Die Neuweltgeier stehen den Störchen und Reihern verwandtschaftlich näher als den Greifvögeln.

Geier gelten als die ältesten tagaktiven Raubvögel. Fossile Reste von Neuweltgeiern sind bis zu 50 Millionen Jahre alt, die von Altweltgeiern bis zu 30 Millionen Jahre. Fossilien beider Gruppen wurden sowohl in Europa als auch in Amerika entdeckt. Warum die einen in Europa und die anderen in Amerika ausstarben, ist bis heute ein Rätsel.

Zu den auffälligsten Unterscheidungsmerkmalen zählen die Füße. Die der Neuweltgeier sind wesentlich kleiner und für das Laufen besser

REINLICHKEIT GEHT VOR

Ebenso wie andere Geier stehen auch die Truthahngeier *(Cathartes aura)* im Ruf, schmutzige Vögel zu sein. Doch obwohl die Tiere von Aas leben, vermeiden sie es nach Möglichkeit, verfaultes Fleisch zu fressen und ziehen frisches vor. Nach jeder Mahlzeit baden sie und verbringen bis zu drei Stunden damit, sich zu putzen.

VORANGEHENDE SEITEN

Seite 180: Der Königsgeier *(Sarcorhamphus papa)* ist bunt gefärbt. Seite 181: Der Ohrengeier *(Aegypius tracheliotus)* besiedelt das zentrale und südliche Afrika.

geeignet als für das Töten. Die Füße der Altweltgeier dagegen ähneln stärker denjenigen der anderen Greifvögel, auch wenn Altweltgeier selten mit Zehen und Krallen Beutetiere töten.

Neuweltgeier

Es gibt sieben Arten von Neuweltgeiern: Andenkondor, Kalifornischer Kondor, Königsgeier, Rabengeier, Truthahngeier, Großer Gelbkopfgeier und Kleiner Gelbkopfgeier.

Der Andenkondor ist der größte flugfähige Vogel weltweit. Zwar weisen der Marabu und der Wanderalbatros eine etwas größere Spannweite auf, doch bringt der Andenkondor deutlich mehr Gewicht auf die Waage. Der Kalifornische Kondor rangiert an zweiter Stelle.

Kondore brüten nur jedes zweite Jahr. Die Weibchen legen jeweils nur ein Ei, das gewöhnlich am Boden zwischen Felsbrocken, in Felsspalten oder auf schwer zugänglichen Felsvorsprüngen platziert wird. Häufig tragen die Altvögel kein Nistmaterial an die Brutstätte, sondern bebrüten das Ei auf dem bloßen Untergrund. Normalerweise befinden sich Bäume in unmittelbarer Nähe, die den Altvögeln als Ruheplätze dienen. Die Jungen bleiben rund 20 Wochen lang in ihrem Nest und verbringen die folgenden sieben Monate am Boden. Hier bewegen sie sich zunächst zu Fuß fort, bis sie endlich fliegen und sich selbst versorgen können. Aber auch dann noch bleiben sie weitere sieben Monate lang von den Eltern abhängig. Mit fünf bis sieben Jahren sind die Kondore dann vollständig ausgewachsen.

Anfang der 1980er-Jahre war der Bestand an Kalifornischen Kondoren auf 21 bekannte Vögel, die wild oder in Gefangenschaft lebten, zurückgegangen. Seither konnte die in Freiheit lebende Population durch Auswilderung von in Gefangenschaft geborenen Kondoren wesentlich vergrößert werden. Doch noch immer gilt die Art als gefährdet.

Anders als andere Greifvögel besitzen Truthahngeier – und in geringerem Umfang auch der Große und der Kleine Gelbkopfgeier – einen stark ausgeprägten Geruchssinn. Sie können einen Kadaver über mehrere Kilometer Entfernung und schon lange, bevor er zu faulen beginnt, riechen. Geier anderer Arten wissen sich dies zunutze zu machen und beobachten so lange den Himmel, bis sie Gruppen von Truthahngeiern kreisen sehen. Sobald sie sie gesichtet haben, fliegen sie hin und verjagen die Entdecker der Beute. Ein größerer Kadaver lockt viele unterschiedliche Aasfresser an, unter denen eine bestimmte Rangfolge herrscht: Adler und Kojoten fressen als Erste, dann folgen die Kondore. Den Abschluss bilden Truthahngeier und Raben.

Mit Ausnahme des Großen und des Kleinen Gelbkopfgeiers sind die Neuweltgeier sehr gesellige Vögel. So ist es keineswegs ungewöhnlich, bis zu 200 Raben- und Truthahngeier gemeinsam an einem großen Kadaver zu sehen oder aber rund 1000 Rabengeier am selben Ruheplatz.

Den Neuweltgeiern fehlt die Syrinx, das Stimmorgan der Vögel. Deshalb sind sie weitgehend stumm und bringen lediglich schwache Zisch- und Grunzlaute hervor.

Altweltgeier

Die 15 Arten der Altweltgeier kommen in Südeuropa, Afrika, dem Nahen Osten und großen Teilen Asiens vor. Der größte von ihnen ist der von seinen Maßen her mit dem Kalifornischen Kondor vergleichbare Mönchsgeier, der kleinste der etwa rabengroße Kappengeier.

Obwohl sich ihre Füße auch zum Ergreifen von Beute eignen, töten die Altweltgeier nur selten ein Beutetier. Weit häufiger ernähren sie sich von Aaas und Abfällen. Einzige Ausnahme dieser Regel bildet der Ohrengeier, der regelmäßig Jagd auf kleine Säugetiere sowie auf bis zu flamingogroße Vögel macht.

Der Palmgeier ist einzigartig unter den Greifvögeln, weil er zwar auch Wirbellose, Krebse, kleine Säugetiere, Insekten und Aas verzehrt, dennoch aber vegetarische Kost vorzieht. Es gibt zwar auch einige andere Greifvögel, die gelegentlich etwas Gras und andere Pflanzen zu sich

GERNE IN GESELLSCHAFT

Der Rabengeier *(Coragyps atratus)* ist der kleinste Neuweltgeier und geselliger als der Truthahngeier. Bisweilen sieht man Gruppen von über 200 dieser Vögel beim Fressen. Ebenso kommt es vor, dass sich mehr als tausend Rabengeier gemeinsam an einem Rastplatz versammeln.

BEVORZUGT VEGETARISCH

Der im tropischen Afrika verbreitete Palmgeier *(Gypohierax angolensis)* bildet eine große Ausnahme unter den Geiern, denn er ernährt sich überwiegend von Palmfrüchten. Gebieten, in denen die von ihm bevorzugten Nahrungsquellen nicht gedeihen, bleibt der Palmgeier in der Regel fern.

nehmen, doch ist der Palmgeier die einzige Art, deren Ernährung weitgehend auf Früchten basiert. Besonders schätzt er die Früchte der Öl- und der Raphiapalmen.

Ein anderer sehr großer Geier, der Bartgeier, lebt überwiegend von Knochen. Sie decken bis zu 85 Prozent seines Nahrungsbedarfs. Gelingt es ihm nicht, einen Knochen mit dem Schnabel zu brechen, trägt der Vogel ihn hoch in die Luft und lässt ihn auf Felsen fallen.

Altweltgeier besitzen keinen Geruchssinn und vertrauen daher bei der Futtersuche ausschließlich auf ihr Sehvermögen. Manche von ihnen, darunter der Sperbergeier, suchen gezielt nach Thermikschläuchen, von denen sie sich emportragen lassen, um von einer möglichst hohen Position aus im Segelflug nach Kadavern oder anderen bereits fündig gewordenen Aasfressern Ausschau zu halten. Andere Arten dagegen, wie der Schmutzgeier, überfliegen ihr Revier im niedrigen Suchflug.

Im Unterschied zu den Neuweltgeiern bauen alle Altweltgeier Nester aus Zweigen und Ästen, die sie mit Gras und Dung auspolstern. Da die Vögel ihre Brutstätten immer wieder benutzen und jedes Jahr weiter ausbauen, erreichen die Nester im Laufe der Zeit beachtliche Ausmaße.

Einige Arten, zu denen etwa der Weißrückengeier und der Bengalengeier zählen, suchen sich als Nistplätze hohe Bäume aus, andere ziehen dafür Felsvorsprünge vor. Gelegentlich übernehmen die Schneegeier die in den vorangegangenen Jahren gebauten Nester der Bartgeier, anstatt selbst welche zu fertigen.

Ähnlich wie bei den Neuweltgeiern sind die Gelege sehr klein und bestehen gewöhnlich aus einem Ei. Mitunter werden zwei, nur in Ausnahmefällen sogar drei Eier gelegt. Meist beginnen die Jungen ungefähr vier Monate nach dem Schlüpfen mit den ersten Flugübungen, bei manchen Arten jedoch bleiben die Jungvögel weitere ein bis vier Monate von ihren Eltern abhängig. Junge Bartgeier benötigen bis zu ein Jahr lang die Unterstützung der Altvögel. Viele Geier bevorzugen die Gemeinschaft von Artgenossen, und so bleiben die Jungtiere häufig in den gleichen Kolonien wie die Altvögel.

DAS RECHT DES STÄRKEREN

Der Mönchsgeier *(Aegypius monachus)*, der größte aller Altweltgeier, erscheint häufig etwas verspätet am Kadaver. Dennoch kommt er nie zu kurz, da es ihm stets gelingt, zahlreiche kleinere Geier von ihrer Mahlzeit fortzuscheuchen.

GEFÄHRDETER RIESE

Linke Seite: Der Andenkondor *(Vultur gryphus)* ist mit drei Meter Spannweite und einem Gewicht von 11 bis 15 Kilogramm der größte Vogel der Welt. Die Weibchen legen jedes zweite Jahr ein einzelnes Ei, und die jungen Kondore werden erst spät – mit sieben bis elf Jahren – geschlechtsreif. Diese niedrige Reproduktionsrate wirkt sich zusammen mit anderen Faktoren, wie dem ständig schrumpfenden Lebensraum sowie Störungen durch Touristen und Wilderer, drastisch auf die Bestandsgröße aus.

ERFOLGREICHE WIEDERGEBURT

Oben: Im 19. Jahrhundert war der Kalifornische Kondor *(Gymnogyps californianus)* zwischen Südwestkanada und Nordostmexiko weit verbreitet. Mitte des 20. Jahrhunderts gab es in Kalifornien nur noch 60 dieser Vögel. Als die Art 1985 so gut wie ausgestorben war, beschloss man, alle frei lebenden Vögel einzufangen, ein Zuchtprogramm zu starten und die Junggeier auszuwildern. Heute gibt es in Kalifornien und Arizona wieder kleine Kolonien der Kondore. Der erste Kondor, der nach 20 Jahren „Schutzhaft" dieser Tiere in Freiheit zur Welt kam, schlüpfte 2002 aus seinem Ei.

GANZ SCHÖN BUNT

Linke Seite: Junge Königsgeier *(Sarcorhamphus papa)* bilden ihre leuchtend bunte Kopffärbung im Alter von vier bis fünf Jahren aus. Wie bei den meisten Greifvögeln sind die Männchen und Weibchen ähnlich gefärbt.

BESONDERES ERKENNUNGSMERKMAL

Oben: Die in den tropischen Regenwäldern Südamerikas lebenden Königsgeier verbringen viel Zeit auf ihren Ansitzen in den Baumkronen. Häufig kann man sie auch dabei beobachten, wie sie dicht über dem Blätterdach fliegen oder in großer Höhe kreisen, um nach einer geeigneten Mahlzeit Ausschau zu halten. Vermutlich tragen die bunt gefärbten Köpfe der Tiere dazu bei, dass sich die Artgenossen im Halbschatten der Baumkronen leichter erkennen.

IMMER DER NASE NACH

Oben: Der Truthahngeier *(Cathartes aura)* verfügt über einen wesentlich stärker ausgeprägten Geruchssinn als jede andere Greifvogelart und spürt selbst verstecktes Aas auf. Links: Rabengeier *(Coragyps atratus)*, deren Riechvermögen nicht besonders stark ausgebildet ist, achten genau darauf, wo Truthahngeier zum Fressen landen. Dort versammeln sie sich dann ebenfalls, und zwar in so großer Zahl, dass sie die Truthahngeier von ihrem Fund vertreiben können.

NISTGEWOHNHEITEN

In Europa brüten Mönchsgeier *(Aegypius monachus)* vorwiegend in Spanien. Hier bauen sie in hohen Bäumen große Horste aus Zweigen. Im übrigen Brutgebiet, das sich von Teilen Osteuropas über weite Teile Asiens hinweg bis nach China erstreckt, ziehen sie ihre Jungen auch auf hoch gelegenen Felsvorsprüngen auf. Die Horste können über zwei Meter breit und drei Meter hoch sein. Sie werden häufig mit Tierhaaren und anderen weichen Materialien gepolstert.

KULTURFOLGER

Oben: Der Kappengeier *(Necrosyrtes monachus)* gewöhnte sich an die Nähe des Menschen und passte seine Ernährungsgewohnheiten entsprechend an. Häufig leben Kappengeier in unmittelbarer Nähe von Siedlungen und fressen den anfallenden Abfall. Nach jeder frischen „Lieferung" verlassen sie ihre Ansitze und stöbern im Müll nach Fressbarem.

NICHT ÜBERALL EINZELGÄNGER

Rechts: Kappengeier besiedeln das zentrale und südliche Afrika und verhalten sich in jeder Region anders. Die südlich des Äquators lebenden Kappengeier sind vorwiegend Einzelgänger und bilden nur selten kleine Gruppen. In nördlicheren Breiten dagegen kann man sie in Gemeinschaften von Hunderten fressen und ruhen sehen.

KNOCHENBRECHER

Links: Der Bartgeier *(Gypaetus barbatus)* wartet geduldig ein Stück weit abseits darauf, dass andere Geier ihre Mahlzeit am Kadaver beendet haben. Dann macht er sich über die übrig gebliebenen Knochen her. Kleinere Knochen frisst er ganz, mit den größeren fliegt er hoch in die Luft und lässt sie aus über 50 Meter Höhe auf Felsen fallen, damit sie zerschmettern. Diese Prozedur wiederholt er, bis die Bruchstücke klein genug sind, dass er sie verschlingen kann.

MEDIKAMENTENVERGIFTUNG

Oben: Der indische Bestand an Bengalengeiern *(Gyps bengalensis)* ging zwischen den 1990er-Jahren und dem Beginn des 21. Jahrhunderts um über 95 Prozent zurück. Es dauerte eine Weile, bis klar wurde, dass dies an den Medikamenten lag, die dem Vieh verabreicht worden waren. Geier, die die Kadaver behandelter Tiere fraßen, starben an Nierenversagen.

STARKER SCHNABEL

Oben: Der Kahlkopfgeier *(Aegypius calvus)* besitzt als einziger Geier Indiens einen Schnabel, der so kräftig ist, dass er damit die zähe Haut frischer Kadaver aufreißen kann. Obwohl auch andere Geier lieber frisches als verrottendes Fleisch fressen, müssen sie meist warten, bis die Haut der verendeten Tiere sich zu zersetzen beginnt. Erst dann können sie sie aufreißen und an das Innere gelangen.

EIERBRECHER

Rechts: Mit ihrem schmalen Schnabel durchwühlen Schmutzgeier *(Neophron percnopterus)* häufig den Müll menschlicher Siedlungen. Sie ernähren sich von verschiedenartigen Abfällen, darunter auch von faulendem Obst und Dung. Als Leckerbissen schätzen sie Vogeleier, die sie aufbrechen, indem sie sie auf Felsen fallen lassen. Sehr große Eier, wie etwa die der Strauße, bewerfen sie mit Steinen, bis die harte Schale bricht.

GRUPPENDYNAMIK

Links: Sperbergeier *(Gyps rueppellii)*, oben: Gänsegeier *(Gyps fulvus)*.
Als gemeinsame Merkmale der eng miteinander verwandten Geier gelten die langen Hälse, mit denen sie tief ins Innere der Kadaver hineinreichen, sowie die dicke Federkrausen am Halsansatz. Beide Arten sind sehr gesellig und finden sich zum Fressen und Ruhen zu großen Gruppen zusammen. Dort, wo die Verbreitungsgebiete sich überschneiden, können Geier beider Arten Mitglieder derselben „Clique" sein.

TREUE PARTNER

Wenn sie erst einmal zueinander gefunden haben, scheinen Kappengeier *(Necrosyrtes monachus)* ihrem Partner sehr zugetan zu sein. Gewöhnlich halten sie sich tagsüber in der Nähe des Nistplatzes auf und ruhen selbst außerhalb der Brutzeit gemeinsam am selben Ort. Sie bauen ihre Nester in Bäumen, legen sie sorgfältig mit frischen Pflanzenteilen aus und nutzen sie in den folgenden Jahren. Das Weibchen bebrütet das einzige Ei meist allein, wird aber währenddessen vom Partner gefüttert. Die frisch geschlüpften Nestlinge sind sehr schwach und benötigen wesentlich mehr elterliche Fürsorge als die meisten anderen Junggeier.

EULEN

Eulen werden mitunter auch als Nachtgreifvögel bezeichnet und so von den bei Helligkeit jagenden Taggreifvögeln abgegrenzt, doch dies ist nicht ganz korrekt. Zwar ziehen die meisten Greifvögel es vor, tagsüber zu jagen, da sie ihre Beute vornehmlich dank ihres herausragenden Sehvermögens lokalisieren. Die meisten Eulen dagegen jagen nachts, wobei einige von ihnen auch bei Tageslicht auf Beutefang gehen und dabei sowohl ihr Gehör als auch die Augen einsetzen.

Da Eulen und Greifvögel überhaupt nicht miteinander verwandt sind, bieten sie ein weiteres gutes Beispiel für konvergente Evolution. Die ältesten bekannten Fossilienfunde sind über 50 000 Jahre alt und zeigen, dass die frühen Eulen Zeitgenossen der ersten Neuweltgeier waren. Als nächste Verwandte der Eulen gelten die Nachtschwalben.

Zu den kleinsten Eulen zählen die nur sperlingsgroßen und um die 45 Gramm schweren Elfenkäuze, Kleinstzwergkäuze und Peruanerkäuze. Der größte Vertreter der Ordnung ist der kräftige, breitflügelige Uhu, der bis zu 4,1 Kilogramm schwer wird und eine Spannweite von über zwei Metern erreicht.

Außer in der Antarktis und Sahara trifft man Eulen auf der ganzen Welt und in sämtlichen Lebensräumen an. Am weitesten verbreitet ist die Schleiereule, die Nord- und Südamerika, Europa, fast ganz Afrika, Indien, Teile Asiens und das gesamte Australien besiedelt.

PARTNERGESANG

Der Waldkauz *(Strix aluco)* ist sehr geschwätzig und verwendet acht bis zehn unterschiedliche Rufe. Am bekanntesten ist das „Tu-witt-huhu-huuh", das in Wirklichkeit von zwei Eulen stammt: Das Weibchen ruft „tu-witt", und das Männchen antwortet rasch „huhu-huuh".

VORANGEHENDE SEITEN

Seite 204: Junge Schneeeule *(Bubo scandiacus)*.
Seite 205: Waldohreule *(Asio otus)*.

Von den Greifvögeln unterscheiden sich die Eulen hauptsächlich durch ihr Gehör. Die unter dem Gefieder verborgenen Ohren befinden sich etwa auf der gleichen Linie wie die Augen, ein Ohr liegt jedoch etwas höher als das andere. Da Eulen ihren Kopf sehr weit zur Seite drehen können, ermöglicht diese asymmetrische Anordnung ihnen, Geräuschquellen präzise zu orten. Das ist vor allem nachts sehr wichtig, denn obwohl Eulen bei schwachem Licht wesentlich besser sehen als der Mensch, sind sie in völliger Dunkelheit ebenfalls praktisch blind.

Bereits die Gesichtsform lässt ahnen, wie stark sich eine Eule beim Aufspüren von Beutetieren auf ihr Gehör verlassen kann. Der Schnabel und der ihn umgebende Kamm aus aufrecht stehenden steifen Federn reflektieren den Schall zum tellerförmigen Gesicht, das ihn ähnlich wie die breite Öffnung eines Hörrohrs auffängt und zu den Ohren leitet. Beim Bartkauz ist diese Tellerform, der so genannte Gesichtsschleier, am stärksten ausgeprägt. Diese Art verbringt einen großen Teil des Jahres am Rande der arktischen Tundra und kann kleine Säugetiere allein anhand der Geräusche aufspüren, die diese in ihren einen halben Meter unter dem Schnee liegenden Bauen verursachen. Am wenigsten ausgeprägt ist das typische Eulengesicht bei jenen Arten, die wie der Fischuhu ihre Beute mit den Augen suchen.

Auch wenn sie bei Tag jagen, verlassen sich Eulen mehr auf ihr Gehör als auf die Augen. Im Flug liegen die Ohren auf gleicher Linie wie die Flügel. Da die kleinen Tiere, auf die sie es abgesehen haben, ohnehin sehr leise sind, könnten die Eulen sie niemals orten, wenn ihre Flügel beim Fliegen Geräusche erzeugen würden. Dem ist nicht so; vielmehr fliegen Eulen fast lautlos. Das liegt daran, dass die Schwungfedern extrem weich und an den Rändern gefranst sind. So strömt stets etwas Luft auch durch die Flügel, anstatt nur darüber. Als Folge davon ist das Geräusch, das durch den Luftstrom über den Flügeln entsteht, deutlich gedämpfter. Kaum ein Beutetier hört eine nahende Eule.

Da die Augen der Eulen vorne im Gesicht platziert sind und die Vögel keine Augenmuskeln besitzen, könnten sie weder seitwärts noch hinter sich blicken, wenn sie nicht über zusätzliche Nackenwirbel verfügten, die es ihnen ermöglichen, den Kopf weit herumzudrehen und ihn stärker als jedes andere Tier zu neigen und vorzustrecken. Ihre ungewöhnlich kräftigen Nackenmuskeln erlauben ihnen blitzschnelle Kopfbewegungen. Die Kombination dieser beiden Besonderheiten bewirkt, dass es aussieht, als würden Eulen ihren Kopf um 360 Grad drehen. Tatsächlich vermag dies keine Eule; die meisten Arten können den Kopf um mindestens 180 Grad wenden, der Virginiauhu sogar um 270 Grad. Die Drehung von einem äußersten Punkt zum anderen erfolgt so rasch, dass man sie mit bloßem Auge kaum wahrnimmt.

SCHAU MIR IN DIE AUGEN

Die meisten Eulen sind nachtaktiv, während einzelne Arten auch am Tag jagen. Die Augenfarbe verrät häufig, wann der betreffende Vogel bevorzugt Nahrung sucht. Links oben: Gelbäugige Eulen wie der Virginiauhu *(Bubo virginianus)* sind meist bei Tageslicht unterwegs. Links unten: Eulen mit orangefarbenen Augen wie der Bengalenuhu *(Bubo bengalensis)* jagen am liebsten in der Dämmerung. Oben: Dunkeläugige Eulen wie dieser Braune Waldkauz *(Strix leptogrammica)* gehen in der Regel nachts auf Beutefang.

Das Spektrum an Beutetieren ist sehr vielfältig und umfasst unter anderem Säugetiere, darunter auch Fledermäuse, sowie Insekten, Reptilien und Vögel. Manche nachtaktiven Eulen schlagen regelmäßig schlafende tagaktive Greifvögel. Je nach Größe der Eule sind die Beutetiere maus- bis kaninchengroß, mitunter auch größer. Ein kräftiges Uhuweibchen zum Beispiel ist imstande, ein kleines erwachsenes Schaf oder ein Reh zu töten, doch kommt dies nur sehr selten vor.

Einige Eulen haben sich auf bestimmte Beutetiere spezialisiert. So fressen Fischuhus, wie der Name schon sagt, vorwiegend Fische. Anderen Arten schreibt die in ihrem Lebensraum herrschende begrenzte Auswahl an Beutetieren das Menü vor. Ein gutes Beispiel dafür bietet die Schneeeule in der Arktis. Die Größe ihrer Population spiegelt die Bestandsgröße ihrer wichtigsten Nahrungsquelle wider: In Jahren, in denen es viele Lemminge gibt, gibt es auch viele Schneeeulen, und ihr Herbstzug in die südlicher gelegenen Überwinterungsgebiete setzt erst spät ein. Herrscht dagegen Knappheit an Lemmingen, dann treibt der Hunger die Schneeeulen verhältnismäßig früh nach Süden.

WER? ICH?

Oben: Der große Kopf und die verhältnismäßig kleinen Augen verleihen dem Sägekauz *(Aegolius acadicus)* einen überraschten Ausdruck. Den Namen verdankt er seinem Ruf, der sich anhört, als werde eine Säge geschärft. Diese Art stellt in der Morgen- und Abenddämmerung Mäusen, Spitzmäusen und Wühlmäusen nach. Häufig fängt sie mehrere Beutetiere hintereinander und versteckt sie für magere Zeiten.

GIGANT UNTER DEN EULEN

Rechts: Der Uhu *(Bubo bubo)* ist die größte aller Eulen. Die Weibchen wiegen bis zu 4,1 Kilogramm und erreichen eine Spannweite von zwei Metern. Uhus sind vor allem in der Morgen- und Abenddämmerung aktiv. Längere Strecken bewältigen sie im Ruder- und Gleitflug.

Eulen nisten an den unterschiedlichsten Orten, zum Beispiel in Baumlöchern, auf Felsvorsprüngen oder in Höhlen am Boden. Die Kanincheneule zieht ihren Nachwuchs sogar in den verlassenen Bauen von Präriehunden und Erdhörnchen auf. Anstatt selbst als Baumeister tätig zu werden, benutzen Eulen lieber alte Nester anderer Vögel, oft auch mehrere Jahre in Folge.

Eulen verpaaren sich im Allgemeinen nur mit einem Partner, doch halten ihre „Ehen" nicht immer ein Leben lang, sondern oft nur eine einzige Brutsaison. Die Gelegegröße schwankt je nach Art zwischen einem Ei und bis zu 15 Eiern. Bei Arten mit großen Gelegen steht die jeweilige Anzahl der Eier in direkter Beziehung zum Futterangebot. Eulenweibchen legen ihre Eier im Laufe mehrerer Tage, beginnen aber sofort mit dem Brüten, sodass die Jungen an aufeinander folgenden Tagen ausschlüpfen. Die älteren Eulenkinder sind immer im Vorteil, erhalten häufig den größten Anteil am Futter und töten mitunter auch ihre jüngeren und schwächeren Geschwister. Überlebende Nestlinge fressen die toten auf.

Die Jungeulen werden gewöhnlich im Alter von vier bis sechs Wochen flügge, die kleinwüchsigeren Arten meist früher als die stattlicheren. Mit drei oder vier Monaten sind sie ausgewachsen und wenig später vollkommen selbstständig.

IMMER GUT GETARNT

Bei den Schneeeulen *(Bubo scandiacus)* kommt dem Weibchen die Aufgabe zu, das Gelege zu bebrüten und die Nestlinge zu betreuen. Obwohl das Nest nichts weiter als eine flache Kuhle inmitten der arktischen Tundra ist, bleibt die auf den Eiern sitzende Eule dank ihrer dunkel gesprenkelten Gefiederzeichnung stets gut getarnt. Schneeeulen brüten in unmittelbarer Nähe von ergiebigen Jagdgründen. Die Brutstätten müssen schneefrei sein und einen guten Ausblick über die Umgebung bieten.

NICHT NUR KLEINE BEUTE

Mit ihren großen und kräftigen Füßen können Uhus *(Bubo bubo)* sogar Tiere von der Größe eines Schafs oder Rehs töten. Allerdings wagen sie sich an derart massige Opfer nur in Zeiten großer Futterknappheit. Gewöhnlich schlagen Uhus wesentlich kleinere Säugetiere wie Kaninchen, Hasen und Igel. Zusätzlich suchen sie am Boden nach Insekten und Regenwürmern.

GUTE NACHBARSCHAFT

Uhus können nur in weitläufigem, offenem Gelände jagen. Mancherorts teilen sie ihr Revier mit tagaktiven Greifvögeln, etwa mit Adlern. Dies führt zu keinen größeren Interessenskonflikten, da die Adler tagsüber und die Uhus in der Morgen- und Abenddämmerung auf Beutefang gehen. Von Uhus in Gefangenschaft weiß man, dass sie über 60 Jahre alt werden. Die Lebenserwartung frei lebender Uhus liegt ungefähr bei 20 Jahren. Da sie keine natürlichen Feinde besitzen, zählen Stromschläge an Hochspannungsmasten, Zusammenstöße mit Kraftfahrzeugen und Bejagung zu den häufigsten Todesursachen.

ANGRIFF AUF MENSCHEN

Linke Seite: Virginiauhus *(Bubo virginianus)* verteidigen erbittert ihr Revier und ihre Nistplätze gegen jegliche Störenfriede. Sie sind die einzige Eulenart, die angeblich sogar schon Menschen getötet haben soll – möglicherweise, weil der Betreffende versucht hatte, ihre Eier oder Nestlinge zu rauben.

GEFRIERKOST

Oben: Weibliche Sperlingskäuze *(Glaucidium passerinum)* werden 15 bis 18 Zentimeter groß, männliche bleiben etwas kleiner. Trotz ihrer geringen Größe sind die Vögel erstaunlich aggressiv. Mit ihren kräftigen Füßen schlagen sie mitunter Vögel, die so groß sind wie sie selbst. Tiere, die sie nicht gleich fressen, verstecken sie. Wenn die Beute im Winter gefriert, tauen sie sie auf, indem sie sie mit ihrem Körper wärmen.

KLEINSTE EULE DER WELT

Links: Der Kleinstzwergkauz *(Glaucidium minutissimum)* gilt mit bis zu 50 Gramm Gewicht und 11 Zentimeter Körperlänge als kleinste Eulenart. Seiner Größe entsprechend jagt er vor allem Insekten und kleine Wirbellose.

EXTREM FEINES GEHÖR

Der ausgeprägte Gesichtsschleier des Bartkauzes *(Strix nebulosa)* verrät, dass sich diese Art bei der Jagd in erster Linie von ihrem äußerst feinen Gehör leiten lässt. Sie geht tagsüber auf Nahrungssuche und vernimmt dank ihrer empfindlichen Ohren sogar die Geräusche, die kleine Beutetiere unter einer 50 Zentimeter dicken Schneeschicht verursachen.

WÄRMENDES WINTERKLEID

Links: Das dichte, weiche Gefieder lässt den Bartkauz *(Strix nebulosa)* wesentlich größer wirken, als er in Wirklichkeit ist. Im Winter schützt es ihn darüber hinaus hervorragend vor der großen Kälte. Der Bartkauz fängt kleine Säugetiere bis zur Größe von Kaninchen.

EULE MIT HERZ

Oben: Schleiereulen *(Tyto alba)* kommen mit Ausnahme der Antarktis auf allen Kontinenten vor. Das auffälligste Merkmal dieser Art und der mit ihnen verwandten Graseulen ist der herzförmige Gesichtsschleier.

FEINE GEFIEDERNUANCEN

Oben: Mit ihrer weißen Brust und den goldfarbenen Flügeln sind britische Schleiereulen die blassesten Vertreter ihrer Art. Alle übrigen, wie etwa die auf dem Foto gezeigte Unterart *Tyto alba guttata*, weisen im Allgemeinen an Brust und Flügeln eine dunklere Färbung auf.

SEHR FRUCHTBAR

Rechts: Die durchschnittliche Lebenserwartung von Schleiereulen in freier Natur beträgt zwei Jahre. Die Jungen sind rasch ausgewachsen und bei vielen Arten bereits mit ungefähr zehn Monaten fortpflanzungsfähig. In Jahren mit gutem Futterangebot kann ein Gelege aus 15 Eiern bestehen.

GESPENST IN DER NACHT

Im Schein des Vollmonds hebt sich eine blass gefärbte Schleiereule deutlich gegen den Nachthimmel ab. Mit lautlosen Schlägen ihrer weich befiederten Flügel und zwischendurch immer wieder im Gleitflug segelnd, entschwindet sie wie ein Geist in der Dunkelheit.

GESCHICKTE KLETTERER

Links: Junge Waldkäuze *(Strix aluco)* verlassen gelegentlich das Nest, bevor sie flügge sind, und fallen dann mitunter sogar vom Baum. Zum Glück klettern sie sehr geschickt und finden meist zurück ins Nest. Gelingt ihnen das jedoch nicht, füttern die Eltern sie am Boden weiter.

BEHERZTE ABWEHR

Oben: Während der Brutzeit verteidigen Waldkäuze ihre Eier und Nestlinge entschlossen gegen Angreifer. Man kennt sogar einige Fälle, in denen Menschen durch die rabiaten Eulen Verletzungen am Kopf davontrugen oder sogar ein Auge verloren.

EWIGE TREUE

Oben: In Anbetracht seiner geringen Größe ist der Steinkauz *(Athene noctua)* bemerkenswert langlebig. Für einzelne Individuen hat man ein Alter von über 15 Jahren nachgewiesen. Die Vögel paaren sich oft fürs Leben und bleiben auch außerhalb der Brutzeit mit dem Partner zusammen.

GESCHLOSSENER KREISLAUF

Rechts: Steinkäuze jagen manchmal sogar tagsüber, bevorzugt Insekten und Kleinsäuger. Was die Käuze nicht sofort fressen, lagern sie in der Nähe ihres Ruhe- oder Nistplatzes. Wenn die Vorräte zu faulen beginnen, lockt dies Käfer und andere Insekten an, die wiederum bald im Schnabel des Steinkauzes landen.

WEISHEIT DER EULEN

Da ihre Augen verhältnismäßig groß sind und über die Hälfte des Schädelvolumens einnehmen können, ist das Gehirn der Eulen ziemlich klein. Die Vorstellung, alte Eulen seien weise, geht auf die griechische Mythologie zurück. Ein Steinkauz war ständiger Begleiter von Athene, der Göttin der Weisheit, und galt als heilig. Auf der Akropolis von Athen, wo der Tempel der Athene steht, nisten seit jeher viele Steinkäuze.

FÜRSORGLICHER VATER

Die männliche Schneeeule *(Bubo scandiacus)* versorgt sowohl das brütende Weibchen als auch die geschlüpften Jungen mit Futter. In Eis und Schnee ist das Männchen durch sein nahezu rein weißes Gefieder wesentlich besser getarnt als seine Partnerin. Sie trägt ein gesprenkeltes Federkleid, das sie fast unsichtbar macht, wenn sie am Boden in der Nistkuhle sitzt. Schneeeulen ernähren sich von Lemmingen und Wühlmäusen. Die Nestlinge werden mit Fleischstücken der Beute gefüttert, von denen zuvor Fell und Knochen entfernt wurden. Die Gelegegröße hängt vom Nahrungsangebot ab. Bei Futterknappheit vermehren sich Schneeeulen gar nicht.

WINTERSTIEFEL

Alle Greifvögel und Eulen packen ihre Beutetiere mit den Füßen, weshalb diese wichtige Werkzeuge beim Nahrungserwerb darstellen. Jede Verletzung kann sie bei der Beutesuche behindern und sogar den Hungertod zur Folge haben. Bei der Schneeeule *(Bubo scandiacus)* sind die Läufe und Zehen zum Schutz vor der arktischen Kälte stärker befiedert als bei allen anderen Eulen und Greifvögeln.

IN AUSTRALIEN DAHEIM

Der schwach ausgeprägte Gesichtsschleier des Boobookkauzes *(Ninox boobook)* verrät, dass dieser sowohl bei Tag als auch in der Nacht auf Beutefang geht. Dabei lässt er sich eher von seinen Augen als vom Gehör leiten. Die Art kommt überall in Australien vor. Erst vor kurzem haben Ornithologen herausgefunden, dass eine dem Boobookkauz sehr ähnliche und in Neuseeland heimische Eule, Morepork *(Ninox novaeseelandiae)* genannt, eine eigenständige Art bildet.

GUT ZU FUSS

Links: Die Kanincheneule *(Athene cunicularia)* trifft man in großen Teilen des zentralen und westlichen Nordamerikas sowie in Südamerika südlich des amazonischen Regenwalds an. Anders als andere Eulen verbringen diese Vögel die meiste Zeit am Boden.

EULENKOLONIE

Unten: Kanincheneulen bilden Kolonien von bis zu einem Dutzend Brutpaaren, die in nächster Nähe zueinander leben – ein für Eulen ungewöhnliches Verhalten. Meist nisten die Vögel in den verlassenen Bauen kleiner Säugetiere. Ebenso sind sie in der Lage, selbst Erdlöcher anzulegen. Der Eingang zu dem Bau wird mit Tierkot umgeben. Man nimmt an, dass die Eulen damit Fressfeinde abschrecken, die den Kot für die Markierung eines anderen, räuberisch lebenden Tieres halten.

IM TIEFFLUG AUF BEUTEFANG

Unten: Die auf der nördlichen Halbkugel und im südlichen Teil Südamerikas heimischen Sumpfohreulen *(Asio flammeus)* ziehen im Winter in die Tropen. Am liebsten halten sie sich in offenem Gelände auf, wo sie kleine Säugetiere jagen. Um diese aufzuspüren, streichen sie in geringer Höhe über ein ausgewähltes Revier.

RINDENFARBENES GEFIEDER

Rechte Seite: Die Waldohreule *(Asio otus)* ist fast ausschließlich nachtaktiv. Tagsüber ruht sie im Geäst der Bäume. Wenn sich ein Fressfeind nähert, schmiegt sie sich eng an den Stamm. Da die Musterung ihres Gefieders an Rinde erinnert, ist sie in dieser Position sehr gut getarnt. Die so genannten Federohren vieler Eulenarten haben keinen Einfluss auf das Gehör. Sie dienen zum Teil der Tarnung, zum Teil aber auch der Kommunikation unter Artgenossen. So tragen sie etwa dazu bei, einen Partner zu finden.

RAR, ABER NICHT SELTEN

Links: Das Verbreitungsgebiet des Habichtskauzes *(Strix uralensis)* reicht von Skandinavien über das zentrale Russland bis nach Japan. Weil diese Art überwiegend in Wäldern lebt, die weitab jeglicher menschlichen Siedlungen liegen, wird der Kauz trotz seines häufigen Vorkommens nur selten gesichtet.

MIT VORSICHT ZU GENIESSEN

Oben: Der Perlkauz *(Glaucidium perlatum)* ernährt sich meist von Käfern und anderen Insekten sowie von Spinnen und Schnecken. Trotz seiner Körperlänge von nur 17 bis 20 Zentimetern ist er in der Lage, Tauben und andere Vögel zu schlagen, die doppelt so groß sind wie er.

BRUT IN LUFTIGER HÖHE

Linke Seite: Das Verbreitungsgebiet der Westkreischeulen *(Megascops kennicottii)* erstreckt sich von Westkanada über die Westseiten der Rocky Mountains bis nach Mexiko hinein. Diejenigen Vögel, die im Sommer im mexikanischen Hochland in 2500 Meter Höhe leben und brüten, suchen im Winter wärmere Regionen auf.

PAARWEISE NUR FÜR EINE BRUTSAISON

Oben: Raufußkäuze *(Aegolius funereus)* leben in der borealen Zone der Nordhalbkugel, also überall dort, wo es Nadelwälder gibt. Sie nisten gewöhnlich in Baumlöchern, bevorzugt in von Schwarzspechten angelegten Höhlen. Die Paare bleiben nur in der Brutsaison zusammen. Sobald die Jungen selbstständig geworden sind, verlässt das Weibchen das Männchen. Im folgenden Jahr kehrt das Männchen zum alten Nest zurück, allerdings mit einer neuen Partnerin.

HERVORRAGEND GETARNT

Links: Die Ponderosaeule *(Otus flammeolus)* ist dank ihres reich gemusterten Gefieders ausgezeichnet getarnt. Wenn sie tagsüber im dichten Laub ruht, verschmelzen die geflammten Federn, denen sie ihren wissenschaftlichen Namen verdankt, im hellen Sonnenlicht mit den Umrissen der Umgebung.

VERWIRRENDE STAMMBÄUME

Oben: Die Schreieule *(Asio clamator)* war bis vor kurzem Anlass zahlloser Diskussionen. Lange galt sie als einzige Art ihrer Familie, während einige Ornithologen sie für eine Verwandte der Schleiereulen oder der Ohreneulen hielten. Man versuchte sogar Schreieulen mit Schleiereulen zu kreuzen, doch ohne Erfolg. Mittlerweile geht man davon aus, dass diese Art eng mit der Waldohreule und der Sumpfohreule verwandt ist.

VORÜBERGEHEND FLAUSCHIG

Oben: Nach dem Schlüpfen sind Malaienkäuze *(Strix leptogrammica)* mit einem hellen, braungelben Flaum bedeckt. Dieser wird allmählich durch das Jugendkleid ersetzt, das ähnlich wie das Gefieder der Erwachsenen gezeichnet, jedoch heller ist.

BITTE NICHT STÖREN

Rechte Seite: Die tropisches Waldland besiedelnden Malaienkäuze bevorzugen eine verborgene Lebensweise und werden daher nur selten gesichtet. Tagsüber ruhen sie paarweise in den Bäumen. Werden sie gestört, fliegen sie lautlos tiefer in den Wald hinein.

KNALLIGES DUETT

Linke Seite: Brillenkäuze *(Pulsatrix perspicillata)* kommen überwiegend in den tropischen Regenwäldern Südamerikas vor. Während man sie nur selten zu Gesicht bekommt, kann man in der Brutzeit öfter ihre Stimme hören. Partner rufen einander über längere Zeiträume hinweg, sodass eine Art Duett entsteht. Der Ruf des Männchens hört sich an wie eine Reihe allmählich leiser werdender Knalltöne, die das Weibchen in einer höheren Tonlage wiederholt.

EXPANSIONSFREUDIG

Oben: Der Streifenkauz *(Strix varia)* ist im östlichen Teil der USA häufig anzutreffen. Der Bestand wächst und breitet sich immer stärker nach Nordwesten aus. In diesem Gebiet kommt es sogar vor, dass der seltenere Fleckenkauz *(Strix occidentalis)* verdrängt wird.

RUFFREUDIGE EULE

Oben: Die nachtaktive Indien-Zwergohreule *(Otus bakkamoena)* verbringt den Tag in den Bäumen. Dicht an den Stamm gedrückt, stellt ihre Gefiederzeichnung eine gute Tarnung dar. Solange es hell ist, verhält sich die Eule ruhig, doch bei Anbruch der Dunkelheit beginnt sie zu rufen. Männchen stoßen bis zu 15 Minuten lang alle zwei Sekunden einen Laut aus, der wie das englische Wort „what" klingt.

UNTERSCHIEDLICHE STIMMEN

Rechts: Die Senegal-Zwergohreule *(Otus senegalensis)* wurde früher für eine Unterart der Zwergohreule *(Otus scops)* gehalten. Diese ist in Europa heimisch, verbringt den Winter aber in Afrika. Inzwischen gilt die Senegal-Zwergohreule als eigenständige Art. Ornithologen dient ihr Ruf, ein kurzer gurrender Triller, als Unterscheidungsmerkmal.

VOM LICHT ANGELOCKT

Links: Zwergohreulen *(Otus scops)* leben gewöhnlich in Waldland und sind in den ländlichen Gebieten Europas häufig auf den Bäumen in der Nähe von Dörfern anzutreffen. Sie ruhen tagsüber und jagen nachts in der Nähe von Straßenlaternen Falter und andere Insekten, die vom Licht angezogen werden.

EFFEKTVOLLE DROHGEBÄRDEN

Oben: Wenn sie gestört werden, reagieren Nordbüscheleulen *(Ptilopsis leucotis)* eher aggressiv, als davonzufliegen. Sie bewegen ihren Körper dann ruckartig vor und zurück und geben ein knurrendes Geräusch von sich. Wenn dies nicht reicht, um den Störenfried zu vertreiben, beugen sie sich vor, strecken die Flügel aus und sträuben das Gefieder, um möglichst groß und bedrohlich zu wirken.

ERFOLGREICHER FISCHZUG

Links: Der Sundafischuhu *(Bubo ketupu)* ernährt sich sehr vielseitig. Zu seinem Beutespektrum zählen Fische, Reptilien, Amphibien, Insekten, Vögel, Fledermäuse und Aas. Häufig jagt er von einem Ansitz aus, watet mitunter aber auch durch seichtes Wasser und fischt alles Fressbare heraus.

RASCHELNDER FLUG

Oben: Die Bindenfischeule *(Scotopelia peli)* beobachtet von Baumästen aus, ob sich im Wasser unter ihr etwas bewegt. Wenn es sich zu lohnen scheint, fliegt sie zur Wasseroberfläche hinunter. Da sie sich nicht vom Gehör leiten lässt, fehlen dieser Art die besonderen Gefiedermerkmale, die vielen Eulenarten einen geräuschlosen Flug ermöglichen.

SCHWERE JUNGS

Diese beiden Arten, die Habichten nicht unähnlich sehen, sind eng miteinander verwandt. Der Rostkauz *(Ninox rufa;* oben) kommt in Nordaustralien und Neuguinea vor. Der etwas größere Riesenkauz *(Ninox strenua;* linke Seite) besiedelt den Südosten Australiens. Anders als bei den meisten Eulen und Greifvögeln sind die Männchen bei beiden Arten größer als die Weibchen. Männliche Rostkäuze wiegen 1,1 bis 1,4 Kilogramm, weibliche dagegen nur 0,7 bis 1 Kilogramm. Bei den Riesenkäuzen bringen die Männchen 1,1 bis 1,7 Kilogramm auf die Waage, die Weibchen 1 bis 1,6 Kilogramm.

REGISTER